La longue marche du genre humain

De la bipédie à la parole

Médecine à travers les siècles

Collection dirigée par le Docteur Xavier Riaud

L'objectif de cette collection est de constituer « une histoire grand public » de la médecine ainsi que de ses acteurs plus ou moins connus, de l'Antiquité à nos jours.
Si elle se veut un hommage à ceux qui ont contribué au progrès de l'humanité, elle ne néglige pas pour autant les zones d'ombre ou les dérives de la science médicale.
C'est en ce sens que – conformément à ce que devrait être l'enseignement de l'histoire –, elle ambitionne une « vision globale » et non partielle ou partiale comme cela est trop souvent le cas.

Dernières parutions

Mathieu BERTRAND, *Horace Wells (1815-1848) et Villiam T.G. Morton (1819-1868). La rencontre improbable de deux précurseurs de l'anesthésie*, 2013.
Xavier RIAUD, *Des dentistes qui ont fait l'Histoire...*, 2013.
Mathilde FRADIN, *Entretiens avec le Docteur Lévy-Leroy, médecin résistant*, 2013.
Xavier RIAUD, *Histoire indépendentaire*, 2013.
Jean-Pierre MARTIN, *Instrumentation chirurgicale et coutellerie en France. Des origines au XIXe siècle*, 2013.
Henri LAMENDIN, *Lazzaro Spallanzani (1729-1799), le père de la biologie médicale expérimentale*, 2013.
Gilles GROS, *Le clou de girofle en médecine bucco-dentaire*, 2013.
Gilbert GUIRAUD, *André Breton médecin malgré lui*, 2012.
Xavier RIAUD, *Napoléon 1er et ses médecins*, 2012.
Henri LAMENDIN, *Thomas W. Evans (1823-1897), le dentiste de Napoléon III*, 2012.
Xavier RIAUD, *Les Dentistes américains dans la guerre de Sécession (1861-1865)*, 2012.
Michel A. GERMAIN, *L'épopée des gants chirurgicaux*, 2012.
Henri LAMENDIN, *Carl von Linné, médecin précurseur de la pharmacie moderne (1707-1778)*, 2012.
Xavier RIAUD, *Chroniques odontologiques des rois de France et de la dynastie napoléonienne*, 2011.
Frédéric DUBRANA, *Les boiteux. Mythes, génétique et chirurgie*, 2011.
Florie DURANTEAU, *Les dents de l'Homme. De la préhistoire à l'ère moderne*, 2011.
Patrick POGNANT, *La répression sexuelle par les psychiatres. 1850-1930. Corps coupables*, 2011.

Jean-Louis Heim

La longue marche du genre humain

De la bipédie à la parole

L'Harmattan

Du même auteur

Les squelettes de la sépulture familiale de Buffon à Montbard (Côte d'Or).
Etude anthropologique et génétique,
Mémoires du Muséum national d'histoire naturelle, 1979

700 000 siècles d'Histoire humaine.
Une introduction à l'histoire paléontologique de l'Homme,
préface de P.P. Grassé, Eyrolles, Paris, 1979

Les Hommes fossiles de La Ferrassie.
Tomes I et II : Le gisement, les squelettes adultes,
Archives de l'Institut de paléontologie humaine,
Mémoires 35 et 38, Masson, Paris, 1976 et 1982

Les enfants néandertaliens de La Ferrassie.
Etude anthropologique et analyse ontogénique des Hommes de Néandertal.
Fondation Singer-Polignac, Masson, Paris, 1982

De l'Animal à l'Homme,
collection « Science et Découvertes », Le Rocher, 1988

L'identité humaine en question, nouvelles problématiques,
nouvelles technologies en paléontologie humaine
et en paléoanthropologie biologique,
colloque de Créteil, 1999.

5-7, rue de l'Ecole-Polytechnique, 75005 Paris

http://www.librairieharmattan.com
diffusion.harmattan@wanadoo.fr

ISBN : 978-2-343-00906-3
EAN : 9782343009063

AVANT-PROPOS

Depuis le XVIIIe siècle, on admet avec Linné que le genre humain fait partie de l'ordre des Primates dont les premiers représentants sont issus de l'hémisphère nord au début de l'ère tertiaire, il y a 70 millions d'années. Mais si le genre humain ne descend évidemment d'aucune forme de singe connue actuellement, il partage avec les Primates de nombreuses particularités qui confirment une lointaine origine commune depuis environ 20 millions d'années.

Contrairement à certaines affirmations abusives ou quelques peu optimistes, on ne connaît pas encore, ou très mal les plus anciens ancêtres de notre lignée humaine. Cependant, les premiers Hominidés sont encore empreints, il y a au moins 4 millions d'années, de certaines dispositions anatomiques qui, sans être assimilées complètement à celles des hommes modernes, ne peuvent désormais être confondues avec celles des autres Primates. Il faut attendre au moins 2 millions d'années pour que les différentes étapes de notre évolution biologique parviennent à l'acquisition de la station bipède permanente, de la libération de la main de toute fonction locomotrice essentielle, et de la marche par enjambées. De telles acquisitions sont exclusives au genre humain, et apparues probablement avec des conditions écologiques particulières. Le refroidissement climatique et une période d'assèchement semblent avoir joué un rôle important en favorisant l'extension de paysages découverts aux dépens d'une épaisse forêt. Mais ce n'est pas le seul. Les différentes étapes du développement embryologique au cours de l'évolution et la dynamique dont a été l'objet la formation du crâne avec toute ses conséquences sur le plan de la posture, ont constitué certainement la cause première de toutes les acquisition qui ont marqué notre évolution.

Dans le milieu de la savane originelle, où la compétition et la quête de nourriture demeurent les impératifs essentiels, les inconvénients initiaux du redressement corporel cédèrent bientôt la place à des avantages sélectifs, anatomiques, cérébraux, socio-culturels et techniques qui assurèrent la survie du groupe. Le développement des facultés mentales devint alors la seule issue de ces premiers hommes du fait de l'allongement de la durée de l'enfance, permettant un apprentissage plus complet et une structure sociale impliquant la nécessité d'une communication plus complexe, aboutissant sur l'avènement d'un véritable langage. Le mode de vie reposant sur la cueillette et sur la chasse, permit le développement d'une technologie de la matière brute pour confectionner des outils et des armes.

Au cours de cette nouvelle phase de l'évolution humaine, un certain nombre d'acquisitions déjà ébauchées chez les tout premiers Hominidés, vont désormais se perfectionner. L'augmentation du volume du cerveau s'accompagne de celle du crâne cérébral qui s'étend désormais d'avant en arrière tel un éventail que l'on ouvre, alors que le massif facial se rétracte en venant se placer en dessous du crâne cérébral. De tels ajustements anatomiques, qui placent la tête en équilibre au-dessus de la colonne vertébrale, vont abaisser la position du larynx par rapport à la base du crâne, et assurer une disposition de l'espace vocalique permettant l'acquisition de la parole et par conséquent du langage. Ces changements dans le cours de l'évolution sont déjà perceptibles avec *Homo erectus*, il y a 1,6 millions d'années. L'augmentation démographique et l'extension géographique du peuplement vont entraîner une diversité génétique au sein du genre *Homo* aboutissant à la disparition de certaines formes alors que de nouvelles, héritées en partie des précédentes, vont mener progressivement l'humanité vers sa forme actuelle, c'est-à-dire *Homo sapiens*.

Toute passionnante que soit l'aventure paléontologique de l'Homme, il ne faut pas perdre de vue que notre évolution ne s'est pas effectuée d'une façon linéaire mais sous la forme d'un buissonnement, chaque branche nouvellement formée conduisant la sève vers un rameau plus petit. L'Homme actuel n'est qu'un de ces rameaux, et les Hommes fossiles qui nous ont précédé sont autant d'autres rameaux portés par la même branche. Il n'existe aucune discontinuité entre l'*Homo habilis* et l'*Homo sapiens* car, tel un roman policier, on ne peut en apprécier l'aboutissement avec toute sa plénitude, qu'après en avoir soigneusement lu les premières pages.

I

L'HOMME : UN ANIMAL PARTICULIER

« Avant d'arriver au réel, dans la science comme dans le reste, l'Homme commence toujours par le fabuleux". (*Henri du Cleuziou, La Création de l'Homme, Paris, 1886). »*

Fabuleuse histoire qu'est celle de l'Homme. Depuis que la conscience existe, les croyances et les mythes qui peuplent notre imagination constituent le fondement de nos légendes, des contes et des traditions où transparaît la dualité humaine qui oppose ou réunit l'Homme au monde animal.

Animal par sa nature biologique, l'Homme a modelé ses comportements aux exigences de son environnement social. Différent de l'animal par son raisonnement symbolique, son mode de communication conceptuel et oral ainsi que par ses facultés créatrices, il demeure un animal sensible, voire vulnérable, aux réponses de son environnement.

En 1864, B. Disraëli écrivait : « L'homme est-il Ange ou Singe ? ». Une question à laquelle Darwin aurait pu répondre car, de tous les animaux qui peuplent le bestiaire des mythologies anciennes, les primates dont nous faisons zoologiquement partie, ont inspiré l'imagination par leur ressemblance avec l'Homme. Les babouins étaient vénérés dans l'ancienne Egypte comme l'avatar du dieu Thot, assis sur la balance pour peser l'âme des morts, alors que les Etrusques, les Mésopotamiens et les Hébreux, recevaient souvent en guise d'offrandes des singes vivants. Pour les Grecs et les Romains, le singe symbolisait la laideur et le caractère grotesque de certains défauts de l'Homme. Dans l'épopée hindoue du Ramayana, les grands Langurs sacrés, singes occupant les sanctuaires hindouistes, prenaient, sous les traits d'Hanuman, le rôle d'un demi-dieu, chargé de sauver la princesse Sita de l'emprise de Ravana, le roi des démons. Nombreux sont les exemples où le singe apparaît comme une représentation de l'Homme, soit comme à Bali pour en exalter les vertus, soit dans les fêtes populaires, les arts et les textes du Moyen-Age et de la Renaissance, pour en exprimer les vices.

Grâce à son ubiquité et ses qualités adaptatives, l'Homme a pu survivre du fait de son raisonnement et de ses capacités à communiquer, à juger, imaginer et inventer. Si, dans l'expression de ses réalisations artistiques et de ses fantasmes, l'Homme s'est depuis les temps préhistoriques identifié à l'animal, c'est par sa propre image qu'il a le plus souvent représenté ses dieux.

Qu'en est-il de ce parcours qui a conduit les premiers représentants du genre humain à l'*Homo sapiens* que nous sommes devenus ? Quelles ont été les étapes par lesquelles notre animalité originelle s'est progressivement façonnée, en transformant nos conduites, au départ par leur nature instinctive, en un comportement géré pour l'essentiel par notre environnement social, notre culture et nos traditions ?

Notre histoire biologique et paléontologique a débuté il y a quelques millions d'années. Notre avènement n'a pas été une révolution. Il résulte de transformations successives, à la suite de mutations permettant d'assurer une meilleure adéquation entre les êtres et leurs milieux. Cela n'a pas toujours été une réussite, aussi beaucoup d'espèces se sont éteintes, faute d'avoir pu résister aux pressions sélectives. Si les pressions sont faibles, les êtres n'ont pas fait l'objet de transformations perceptibles et sont demeurés au stade de fossiles vivants. Dans le cas contraire, deux solutions se sont imposées : soit l'extinction, soit un remaniement permettant la survie du groupe. C'est la base de la conception darwinienne. Le genre humain n'a pas échappé à la règle. Il a oscillé dans son évolution entre ses inconvénients et ses avantages, les seconds ayant, en fin de compte, pris le relais pour amorcer la grande aventure de notre humanité.

On admet avec raison que l'histoire biologique et paléontologique de l'Homme a débuté dès le moment où il a commencé à marcher sur deux pieds et en se déplaçant par enjambées d'une façon permanente, sans l'aide impérative de ses mains. Elle s'est accompagnée et poursuivie par le développement des hémisphères cérébraux et plus particulièrement du cortex qui résulte de l'accroissement du télencéphale, c'est-à-dire la vésicule la plus antérieure du cerveau embryonnaire, organe essentiel par ses fonctions et par ses potentialités puisqu'il constitue la plus grosse partie en volume de notre boîte crânienne. Le développement considérable du cerveau, comparativement au poids corporel, en a fait un organe essentiel par ses fonctions et par des capacités qui dépassent nettement nos besoins immédiats. Elle s'est poursuivie par la réduction de la face et du système masticateur, dans l'hypothèse où notre histoire biologique serait terminée, ce qui ouvre de nouvelles perspectives à notre évolution.

L'Homme, solidaire de son environnement social, n'a jamais été l'Homme-singe des légendes imprégnées de ses appartenances animales, ni l'Homme-Dieu, être transcendantal, apparu au septième jour de la Genèse, pour s'affirmer comme une créature quasi-divine. Comme tous les primates, l'Homme a vécu en société.

Mais notre évolution physique, psychologique, comportementale et culturelle ne peut être dissociée du contexte social. L'Homme dépend en effet de la société qui, non seulement lui dicte ses lois matrimoniales et modèle sa constitution génétique, mais permet à son cerveau de développer ses fonctions, grâce à la communication inter-individuelle, à l'apprentissage et à l'affectivité.

II

LA BIPEDIE OU L'EMERGENCE DE L'HUMANITE

Où l'Homme est-il apparu ? Personne ne peut le dire de façon indubitable. Le choix s'est porté successivement sur l'Asie, l'Afrique, peut-être sur l'Europe, puisqu'on a découvert, à l'entrée de notre continent, des preuves anciennes d'occupation humaine et des restes fossiles, remontant à près de deux millions d'années, provenant du site de Dmanissi en Géorgie. Pour les paléo-anthropologues, le « *paradis terrestre* » apparaît comme une illusion. En effet, la diversité des Primates, ordre zoologique auquel nous appartenons, et de leurs capacités évolutives, s'est produite sans la condition initiale du passage à la forme humaine. Plus il y avait de niches écologiques diversifiées, plus les chances d'apparition de l'espèce humaine étaient grandes. Aussi, il n'y a aucune raison valable de penser que l'Homme ait fait son apparition en un point privilégié du monde, plus que dans un autre, aux dépens de la plupart des affirmations qui tiennent compte de l'origine géographique des restes osseux connus comme seules explications possibles.

Les découvertes effectuées depuis près d'un siècle autant en Afrique orientale ou australe qu'en Asie ou en Europe, montrent que des Hominidés très anciens étaient présents là où les conditions géologiquement plus aisées de recherche, le financement des missions, ou les moyens techniques mis en œuvre étaient assurés. Ceci ne veut pas dire que nos plus lointains ancêtres étaient absents dans les régions où de telles conditions n'étaient pas réunies. L'Homme est apparu là où l'évolution de certaines formes plus anciennes de primates, présumées se situer à l'origine de la lignée humaine, n'avaient pour alternative que l'extinction ou le passage à la forme bipède. Selon l'expression de l'abbé Breuil : « L'homme est né dans un *berceau à roulettes »,* en fonction des idées, des théories et des terrains de recherche.

Les premiers indices des transformations biologiques aboutissant à l'acquisition de la forme humaine, se sont manifestés bien avant l'apparition de l'Homme, avec les mammifères chez qui de très importants changements ont accusé leurs différences avec les reptiles. On peut rappeler l'homéothermie qui est la capacité qu'a le mammifère de conserver une température corporelle constante et de pouvoir ainsi s'adapter aux biotopes les plus variés ; il s'agit là d'une innovation biologique que n'ont pas les reptiles dont la température corporelle est soumise au seul environnement.

Une autre acquisition, propre aux mammifères, concerne les modalités reproductrices qui s'orientent vers une économie du nombre des naissances, et l'allongement de la période infantile, permettant non seulement l'accroissement des différents territoires corticaux et des réseaux des synapses, c‘est-à-dire les relais entre les circuits neuronaux, mais augmente la solidarité entre jeunes et adultes. Chez les poissons et les amphibiens, la production de jeunes est pléthorique et n'aboutit, pour leur grande majorité, qu'à servir de nourriture à d'autres animaux. Avec les reptiles, les œufs s'entourent d'une coquille qui sert de protection pour leur progéniture, en économisant le « gaspillage » reproducteur, ce dont les oiseaux, descendant de certaines formes reptiliennes, ont parfaitement mis à profit. L'œuf dur a été leur salut ! Mais avec certains reptiles, parmi les derniers de la fin de l'ère secondaire, la viviparité est apparue et se poursuit aujourd'hui, par exemple chez les vipères. C'est là un pas de plus franchi vers le stade mammalien.

Cette structure reproductrice n'a pas été atteinte spontanément. L'ornithorynque ou *Platypus*, mammifère australien indiscutable par son pelage et ses glandes mammaires, pond des œufs qui, une fois éclos, donnent naissance à un jeune qui va téter sa mère. De même, le kangourou accouche d'un fœtus qui terminera sa maturation dans la poche marsupiale sous le ventre de sa mère. Et pourtant il s'agit de mammifères, auxquels on donne le nom de Protothériens. Avec les mammifères vrais ou Euthériens, les jeunes accomplissent leur maturation dans le placenta, au chaud dans l'utérus de la mère et non pas abandonnés seuls au gré des courants, sur le bord des rivières ou sur les plages où ils serviront d'appât aux prédateurs. Dès la naissance, le jeune mammifère acquiert un type nouveau de relations avec les adultes, lié à une plus grande dépendance concernant la protection et la nourriture, notamment l'allaitement, ce qui a pour effet de créer un lien affectif avec la mère. Ce lien s'est accompagné de l'allongement de la durée de formation et de maturité du jeune, ce qui a favorisé l'apprentissage et l'adaptation au milieu environnant. Chez le jeune humain, les conduites instinctives ou innées, c'est-à-dire celles qui sont contrôlées directement par notre constitution génétique, ont cédé la place progressivement aux conduites acquises par l'imitation, l'apprentissage, le langage et l'affectivité qui ont joué chez nous, en raison de l'extrême dénuement du jeune, un rôle fondamental.

Il est classique d'admettre que le développement du cerveau a précédé dans l'histoire de l'Homme, les autres processus marquant l'hominisation. Mais quelles preuves en a-t-on, d'autant plus qu'on ne connaît pas sur les premiers restes osseux supposés s'inscrire dans l'ascendance directe de l'Homme, de sujets pourvus d'un gros cerveau et d'un corps présentant tous les signes de la quadrupédie ? La bipédie apparaît ainsi comme la condition première probable de l'hominisation.

Du redressement corporel à la bipédie

La posture bipède constitue, avec le développement de la vésicule la plus antérieure du cerveau embryonnaire appelée le télencéphale, l'ensemble anatomo-fonctionnel définissant par essence même l'originalité de l'espèce humaine. Cependant elle ne se limite pas au seul redressement corporel, attitude que l'Homme partage avec un certain nombre d'espèces animales. Contrairement à ce que l'on pourrait croire, l'Homme n'est pas l'unique vertébré capable de se tenir debout. La posture bipède, c'est-à-dire le fait de n'avoir de contact avec le sol que par les seules pattes arrière, est constitutionnelle dans plusieurs classes animales. Elle résulte de la spécialisation et de l'adaptation du membre antérieur au vol chez les oiseaux. Chez les dinosaures les plus récents de l'ère secondaire, à savoir le Crétacé qui a duré jusqu'à 70 millions d'années, comme les plus anciens de l'époque du Trias (-200 à 175 millions d'années), le *Tyranosaurus* ou le *Nanosaurus*, la réduction extrême du membre antérieur n'autorisait plus sa fonction locomotrice. Dans l'attitude de repos, ces énormes reptiles se tenaient debout sur leurs pattes arrière avec d'autant plus de confort que leur gigantesque queue faisait office d'un appui naturel opportun. Chez les mammifères, les kangourous illustrent la bipédie animale, en en faisant autant. Toutefois, les vertébrés terrestres comprennent de nombreuses espèces qui adoptent temporairement la posture érigée : il s'agit d'une attitude passagère qui ne devient jamais permanente. Elle intervient, suivant les circonstances, en réponse à des stimuli précis, et constitue le plus souvent une attitude dictée par l'instinct de survie qui se manifeste par une attitude d'agression, de fuite, d'attention ou de défense. C'est le cas de la plupart des espèces de singes. Certains lézards se redressent sur leurs pattes arrière pour courir plus rapidement. Les rongeurs, tels la marmotte, le rat, le suricate ou l'écureuil utilisent temporairement l'extrémité du membre antérieur pour saisir leurs aliments.

Cette attitude verticale temporaire, chez l'animal quadrupède, peut être acquise par apprentissage dont les dresseurs connaissent bien les méthodes, attitude qui témoigne de la capacité physique de l'animal pour y parvenir. Qui n'a pas vu le cheval se cabrer ou le chien se dresser pour quémander sa friandise ? En revanche, la posture érigée chez l'Homme est nettement différente de celle que l'on connaît chez l'animal. Au moment où le jeune enfant se redresse, il doit contrôler un effort musculaire suffisant mais nécessaire, pour s'élever contre la gravité, une épreuve qui laissera place rapidement à l'acquisition d'un équilibre, au départ instable, mais qui ne tardera pas à se stabiliser, grâce à la coordination des mécanismes sensoriels, musculaires et articulaires qui limitent l'effort au minimum.

Ce n'est pas le cas du cabrage du cheval qui exige trop d'effort pour pouvoir être maintenu longtemps, ni la course en attitude bipède du gibbon traversant une clairière. C'est par cette réduction de l'effort que l'attitude bipède humaine s'oppose au redressement corporel occasionnel de l'animal. Chez l'Homme, une fois atteinte, la posture érigée peut être maintenue. C'est là son originalité. Avec l'âge ou à la suite de lésions du système locomoteur, les êtres humains peuvent perdre la maîtrise de leur équilibre et doivent faire appel à l'effort musculaire pour compenser le manque d'équilibre naturel. C'est alors que le maintien de leur stabilité ne peut être assuré qu'aux dépens de leur mobilité.

La posture bipède permanente constitue chez l'Homme un état qui suppose à la fois plasticité et adaptation à des attitudes variées. Son acquisition entraîne un ensemble de transformations non seulement anatomiques et physiologiques, mais concerne le psychisme, les aptitudes créatrices ainsi que les fondements d'un comportement nouveau, régi par l'apprentissage et l'environnement social. De telles transformations sont indissociables de la nature même de l'Homme et de son évolution.

On évoque souvent le rôle du hasard pour expliquer notre évolution, ce qui n'est peut-être pas la seule explication : la réponse d'un phénomène qui semble *a priori* aléatoire, peut apparaître comme une solution hâtive. Souvent, en biologie, une supposition qui fait appel au hasard, n'est en fait qu'une simple « voie de garage », formulée pour masquer notre ignorance en attente d'une démonstration convaincante.

De nouvelles recherches sur le développement de l'embryon et du fœtus semblent montrer qu'un phénomène d'induction de l'extrémité antérieure du tube neural primitif sur les autres feuillets embryonnaires, serait à origine de l'enroulement céphalique. Une telle explication a été formulée, il y a plus d'un siècle, par Bolk. Elle portait sur la néoténie, c'est-à-dire la conservation chez l'adulte des caractères infantiles, ou les hétérochronies concernant les différences du rythme de croissance entre les divers organes. Cette réflexion n'est pas incompatible avec la pression sélective de l'environnement. Elle a pu s'exprimer grâce aux conditions écologiques particulières qui ont accompagné l'émergence de l'humanité.

Il y a plus de 60 millions d'années, les primates ont occupé le milieu forestier de l'hémisphère nord, cette grande forêt du début de l'ère tertiaire où l'alimentation était abondante, les prédateurs rares, ce qui a favorisé la diversification des premiers primates et leur diffusion vers tous les biotopes qu'offre le milieu forestier. Il en résulta des adaptations diverses, aussi bien sur la terre ferme que dans les arbres. Le mode de locomotion s'est adapté à ces environnements : maintien de la vie terrestre, adaptation au grimper, au saut, à la suspension, à la brachiation.

Contrairement à la vie arboricole où les prédateurs sont rares et la nourriture à portée de main, la vie au sol constitue une quête permanente du gibier et la lutte contre les prédateurs. D'où une compétition pour la nourriture, la défense et la survie. Si les quadrupèdes s'en sont sortis plus ou moins bien grâce à la vitesse de déplacement au sol, il n'en a été pas de même pour les premières formes bipèdes : en raison de leur moindre vélocité, elles sont apparues particulièrement confrontées à la compétition. On a assisté alors à un paradoxe : d'un côté, l'acquisition de la bipédie représentait au cours des circonstances présentes, la solution la plus efficace. C'est par exemple, le cas de l'adaptation au vol quelques dizaines de millions d'années auparavant, à l'époque des reptiles. D'un autre côté, cette nouvelle posture bipède exposait ces êtres à d'autres dangers et à une compétition défavorable qui, à court terme, auraient entraîné leur élimination.

A la fin de l'ère Tertiaire, vers 70 millions d'années, l'ensemble de la Terre a été soumis à un refroidissement et un assèchement marqués, d'où la diminution de la couverture forestière. Ces changements climatiques ont affecté la plupart des régions, compte tenu de leur latitude. A titre d'exemple, l'Europe a fait l'objet d'un refroidissement progressif entre 2 et 3,5 millions d'années (on écrit Ma), correspondant aux glaciations de Biber (3,2 Ma) et du Danube et (2,5-1,8 Ma), alors que l'Afrique orientale, méridionale et le sud de la Chine ont subi un assèchement relatif. Ces modifications du climat, qui se sont accompagnées d'une réduction sensible des forêts au profit de savanes ou de prairies, ont eu une répercussion sur la végétation et la faune, notamment sur les primates.

En Afrique orientale et australe, le déboisement progressif de la fin du Pliocène (il y a environ 10 millions d'années) a été associé à la présence des premiers Hominidés : *Australopithecus* et *Homo habilis*. Dans les collines pré-himalayiennes des Siwaliks, les formations géologiques de Chinji, où prédominait un biotope de forêts tropicales, laissèrent place aux formations de Nagri et de Dhok Patan, contenant des indications paléobiologiques évoquant la savane. Ce passage est associé à la présence de l'Hipparion, ancêtre du Cheval et indicateur d'une réduction de la couverture arborée, ainsi que de *Ramapithecus* et *Sivapithecus*, primates fossiles jadis considérés comme des Hominidés probables en raison de quelques particularités anatomiques, notamment dentaires. En Europe, au tout début de l'ère quaternaire, les pollens et la faune, extraits des formations géologiques « villafranchiennes » du tout début de l'ère quaternaire, indiquent un déboisement progressif tendant vers un paysage de prairies ouvertes où dominent les graminées, associé à des primates fossiles comme *Ouranopithecus* (Grèce), à *Rudanyapithecus* (Hongrie) et aux derniers

Ramapithecus (Turquie), qui montrent des tendances plus terrestres que les formes adaptées à la vie dans les arbres.

En ce qui concerne les primates, la réduction du milieu forestier s'est traduite par l'élimination de nombreuses familles exclusivement arboricoles, c'est-à-dire les plus spécialisées, bien que certaines comme les Colobinés africains ont survécu en se réfugiant dans les forêts-galeries, le long des cours d'eau ou sur le bord des lacs. En revanche, les moins bien adaptés à la vie arboricole n'ont pas trop souffert de la disparition progressive de la forêt. Les formes terrestres, les mieux organisées socialement et les plus agressives, allaient être par contrecoup les bénéficiaires de ces changements.

La sélection s'est exercée en faveur des formes capables de tirer parti de ces nouvelles conditions d'existence et de s'adapter en développant quelques dispositions préexistantes, comme l'omnivorie qui a favorisé l'apport de protéines animales dans une alimentation jusqu'alors exclusivement végétarienne. Ce complément protéique était plus approprié à de telles conditions de vie dans les savanes ou dans les vastes espaces déboisés, qu'un menu composé essentiellement d'insectes ou de végétaux. Cet apport nutritionnel a impliqué le passage progressif du stade de charognard au stade de chasseur, du petit puis du gros gibier. Il ne s'agit pas d'un rapport de force car la sélection, suivie de l'adaptation à de nouvelles exigences environnementales, a favorisé l'augmentation démographique des populations. Lorsqu'il y a déséquilibre sur ce plan, les plus nombreux l'emportent et non pas nécessairement les plus forts ou les mieux adaptés.

Les transformations du régime alimentaire ont exercé une influence significative sur le comportement. Le passage du végétarien exclusif au chasseur, a impliqué le regroupement des individus en tribus, plus structurées et plus agressives que les espèces arboricoles. Ces tribus ont trouvé dans la cohésion du groupe un moyen de faire face aux dangers, et de répondre aux besoins de survie en terrain découvert.

Chez les premiers Hominidés, l'acquisition de la bipédie a inauguré le développement de possibilités qui n'avaient guère dépassé le stade d'ébauche chez les formes non-bipèdes. Elle apparaît comme l'aboutissement de tendances isolées et non exprimées, sur le plan fonctionnel, chez des primates quadrupèdes ou semi-redressés qui, n'ayant rien à gagner de la forêt, n'ont eu rien à perdre lorsque celle-ci a disparu. Ils ont, tant bien que mal, pu adopter de façon permanente une attitude qui n'était que passagère.

On peut considérer dès lors, que l'apparition des premiers Hominidés semble résulter de la rencontre de structures embryologiques, anatomiques et physiologiques déjà orientées dans le sens bipède. De plus, les conditions environnementales que nous venons d'évoquer semblent avoir été, sinon la cause, du moins l'un des catalyseurs de l'émergence humaine. En effet, de nouvelles formes de relations inter-individuelles, d'autres possibilités de défense, la recherche d'une alimentation plus riche en protéines, sont devenues la meilleure façon d'assurer la survie.

Ainsi se sont trouvées réunies les conditions permettant la poursuite et l'accentuation du processus de redressement corporel. Ceci est d'autant plus évident que la libération du membre antérieur et de la main de toute fonction locomotrice, ont entraîné des effets majeurs sur le système nerveux central et sur la possibilité de manipulation, comme la confection d'outils et d'armes, la capacité de projection, le transport des jeunes et de la nourriture, innovations qui devaient s'imposer comme un avantage pour le groupe.

Lorsque la bipédie est devenue fonctionnelle, elle s'est révélée être une source d'innovation avec ses conséquences liées entre autres, à l'indépendance de la main de tout rôle locomoteur essentiel, et à la bascule de l'arrière crâne, conditions nécessaires, sinon préalables, au développement cérébral.

Chez les singes quadrupèdes, occasionnellement arboricoles et terrestres, comme l'érythrocèbe, le cercopithèque ou le macaque, le redressement corporel temporaire a permis une vision plus étendue au-dessus des herbes de la savane ; chez le chimpanzé, il a libéré momentanément la main, permettant le transport de la nourriture et des petits enfants pour se déplacer ou être capable de projeter des cailloux ou des branchages pour assurer sa protection. Le redressement corporel passager des primates s'est accompagné d'une demi-flexion permanente du genou et de la cuisse sur le bassin, le membre antérieur servant de balancier pour maintenir l'équilibre du corps, lorsque l'animal se déplaçait au sol. Dans ce cas, la locomotion est assurée par le seul membre postérieur : le macaque, le capucin et surtout le gibbon en constituent des exemples actuels. S'ils chancellent plus qu'ils ne marchent (Gibbon), tous peuvent s'asseoir en position redressée. Il est probable que les précurseurs des premiers Hominidés devaient avoir une attitude voisine. Si l'ébauche d'un redressement corporel apparaît comme une tendance archaïque, bien antérieure aux Hominidés (*Oreopithecus* du Pliocène), aucune espèce n'est parvenue au seuil d'une bipédie fonctionnelle avant la fin de l'ère Tertiaire ou le tout début du Quaternaire (*Australopithecus, Homo habilis, peut-être Ororin tugenensis*). En effet, les empreintes de pas laissées dans une boue volcanique à Laetoli en Tanzanie, découvertes en 1978, indiquent une démarche bipède hésitante chez les premiers Australopithèques *(Australopithecus afarensis*), il y a 3,6 millions d'années. Par exemple, le gros orteil montre une divergence par rapport aux autres orteils. Ce n'est plus le cas sur les empreintes provenant du site d'Ileret, au Kenya, et datées de 1,5 millions d'années. Elles sont attribuées à *Homo erectus* ou à *Homo ergaster*. Elles offrent une morphologie proche de la nôtre, avec un gros orteil parallèle aux autres doigts, une ébauche de voûte plantaire traduisant une bipédie nettement engagée dans la voie humaine dans un paysage relativement ouvert. C'est le cas de la plupart des primates quadrupèdes terrestres qui préfèrent des terrains plus ouverts, comme la savane boisée, les rochers ou la savane proprement dite, à l'épaisse forêt. Ils ont développé alors une structure sociale hiérarchisée, face au danger et à la compétition permanente de ce milieu où la survie n'est assurée que par la nécessité de faire appel à une attitude de défense en groupe organisé.

L'observation des babouins est convaincante. La ressemblance avec les attitudes humaines n'est pas due au hasard mais à la nécessité d'assurer la survie de l'individu et du groupe.

Le redressement corporel a eu un autre effet sur les relations entre la mère et le jeune enfant : l'acquisition de mamelles pectorales, contrairement aux mamelles inguinales ou abdominales des espèces quadrupèdes chez lesquelles le nouveau-né se place sous sa mère pour téter. Avec le redressement corporel s'accompagnant d'une relative indépendance des membres supérieurs et de la main à l'égard de la locomotion, l'enfant peut téter dans les bras de sa mère, ce qui a favorisé les relations affectives avec le développement psychomoteur du jeune. L'exemple humain est éloquent.

C'est au Pliocène, dernière période du Tertiaire, il y a 12 millions d'années, que furent découverts dans les lignites de Toscane les restes de l'*Oréopithèque,* considéré alors comme le premier maillon d'une lignée de primates supposée aboutir à l'Homme. En fait, l'hominisation n'était pas encore amorcée car si l'Oréopithèque pouvait se redresser, il s'agissait d'un brachiateur capable de se suspendre aux branches, car ses bras et ses jambes avaient la même longueur. Mais, l'astragale, le bassin et la base du crâne offraient quelques caractères anatomiques qui se sont maintenus, plusieurs millions d'années plus tard, chez des fossiles comme les Australopithèques, primates d'Afrique australe, offrant des tendances évolutives vers les Hominidés bipèdes. La découverte au Kenya du fossile appelé *Ororin tugenensis,* daté de 6 millions d'années, indique sur les restes des membres inférieurs une adaptation possible à la bipédie. Ces fossiles montrent la réalité d'une l'évolution « en mosaïque », certaines parties du corps étant plus spécialisées que d'autres, loi fondamentale pour comprendre notre évolution. Cette mosaïque de traits anatomiques marque tous les stades de notre histoire. L'espèce humaine n'échappe pas à la règle.

Il est vraisemblable que le redressement du tronc, chez certains quadrupèdes plantigrades ou chez les primates qui grimpent le long des troncs ou qui peuvent s'asseoir, ainsi que l'enfant, avant de courir et de marcher, ait pu favoriser sélectivement l'attitude verticale. En revanche, une posture redressée et une démarche bipède, comparables aux nôtres, semblent être des acquisitions plus récentes qui ne remontent guère au-delà de deux ou trois millions d'années, avec les seuls Hominidés.

Si l'on considère le nombre et la portée des modifications anatomiques, fonctionnelles, psychiques et comportementales que le passage du nonbipède au bipède permanent a entraîné, on est frappé par la relative spontanéité de l'acquisition de la bipédie. La bipédie permanente apparaît, à l'échelle géologique, comme une urgence, un impératif vital, une échappatoire à une disparition inévitable.

Contrairement à l'évolution de l'extrémité céphalique, c'est-à-dire la boîte crânienne (neurocrâne), la face, la mandibule et le système masticateur dont la mise en place au cours de l'histoire paléontologique des Hominidés a pris au moins 3 ou 4 millions d'années jusqu'à l'avènement d'*Homo sapiens*, la posture bipède, la démarche et l'organisation générale du système locomoteur, ont fait l'objet de très faibles remaniements au cours de l'histoire de notre lignée. Cela confirme la nécessité impérieuse d'avoir adopté la bipédie en tant qu'avantage sélectif.

Les tout premiers humains ont pu adopter très tôt cette posture, à moins que les ajustements nécessaires du squelette post-crânien aient pu intervenir à une phase nettement antérieure, ce qui privilégierait la grande ancienneté de la bipédie, ainsi que le propose Yvette Deloison [(1)].

(1) La préhistoire du piéton, (Ed.Plon, 2003).

Les remaniements corporels de la posture bipède : avantages et vicissitudes

L'attitude bipède s'accompagne chez l'Homme d'un déplacement du centre de gravité du corps, d'un système articulaire et musculaire et de la recherche de l'équilibre adaptés à cette nouvelle posture où seuls les deux pieds assurent le contact avec le sol. Ceci implique un appui efficace qui consiste en la mise en œuvre d'un polygone de sustentation réduit, puisqu'il est limité aux seules dimensions du pied. Le centre de gravité varie dans des limites étroites, en fonction du mode postural, comme chaque espèce, voire chaque individu. Très antérieur chez les Mammifères quadrupèdes, il tend à reculer chez les primates arboricoles suspendus, pour atteindre chez l'Homme la région du bassin à la hauteur de la 2e ou de la 3e vertèbre sacrée. Le déplacement du centre de gravité, et par conséquent de l'axe de gravité, s'accompagne de l'étirement ligamentaire et permet la contraction de muscles antagonistes. Chez l'Homme, il coïncide avec l'axe porteur et permet une économie musculaire. (Fig.1)
Les proportions relatives des os des membres sont différentes chez l'Homme et chez les autres primates.
La bipédie a pour effet d'allonger les os du membre inférieur (fémur, tibia, péroné) dont la longueur est plus élevée que celle des os du membre supérieur (humérus, radius et ulna (cubitus).

Chez les singes brachiateurs (suspension dans les arbres), comme les gibbons, les orang-outans, les colobes, les singes platyrhiniens du continent américain, ou chez les semi-brachiateurs africains ou asiatiques (chimpanzés, gorilles, orang-outans), le membre supérieur est le plus développé. Afin d'apprécier quantitativement ces longueurs relatives, on calcule des rapports (ou indices) en comparant les divers segments du squelette des membres. Ainsi on peut comparer la longueur de l'avant-bras à celle du bras, de la jambe par rapport à la cuisse ou calculer l'indice inter-membral qui rapporte la longueur du membre antérieur (ou supérieur) à celle du membre postérieur (ou inférieur) et qui s'écrit comme suit :

$$\frac{\text{Longueur de l'humérus + longueur du radius x 100}}{\text{la longueur du fémur + la longueur du tibia}}$$

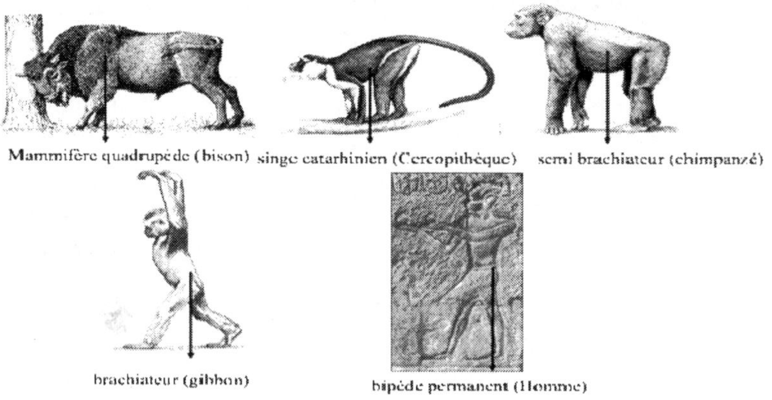

Les modifications du centre de gravité du corps en fonction de la posture

Fig. 1. Le centre de gravité chez les mammifères et l'Homme

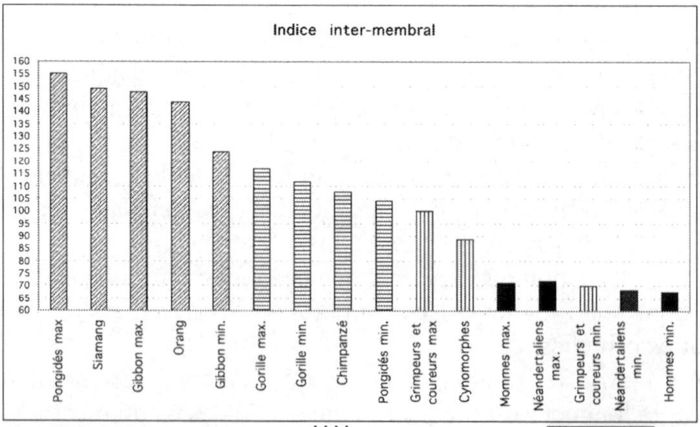

brachiateurs semi-brachiateurs quadrupèdes bipèdes

Fig. 2 Quelques valeurs de l'indice inter-membral.

L'indice inter-membral présente ses valeurs les plus faibles dans l'espèce humaine. Plus élevé chez les singes quadrupèdes, il augmente chez les grands singes les mieux adaptés à l'arboricolisme (Fig. 2).

En dépit de ses conséquences favorables pour la survie et l'évolution des Hominidés, l'acquisition de la bipédie a été et demeure moins complète que ne l'est l'adaptation de nombreux Mammifères au saut, comme les tarsiers de Madagascar, ou au vol comme les chauve-souris (chiroptères), ou encore à la vie aquatique comme les baleines ou les cachalots (Cétacés).

En effet, la probabilité de la mise en place rapide, sinon hâtive, de la posture bipède, s'accompagne d'un certain nombre de troubles pouvant déboucher sur des états pathologiques, absents ou exceptionnels chez les quadrupèdes.

La colonne vertébrale (rachis) est évidemment soumise aux contraintes exercées par l'acquisition de la posture verticale et de la locomotion humaines. Les modifications concernent par exemple plusieurs points.

Dans l'ordre des Primates, c'est le rachis humain qui offre le nombre de vertèbres le plus constant, soit 32 à 34 vertèbres dont 25 pré-sacrées à savoir 7 vertèbres cervicales, 12 thoraciques et 5 lombaires, ainsi que 3 à 5 vertèbres coccygiennes (coccyx).

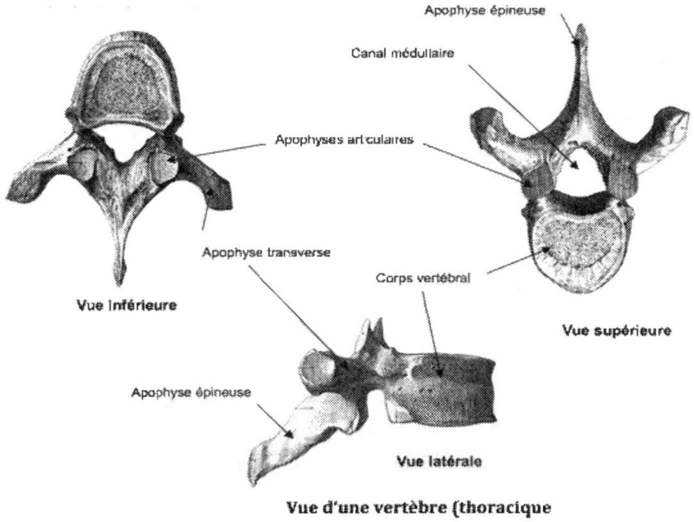

Fig. 3. La vertèbre humaine.

La colonne vertébrale humaine comporte 4 courbures (cervicale, thoracique, lombaire et sacrée) qui représentent les conséquences de la posture érigée et de la locomotion bipède. Chez les autres primates, il n'existe qu'une seule courbure thoracique, concave en avant (Fig.4).

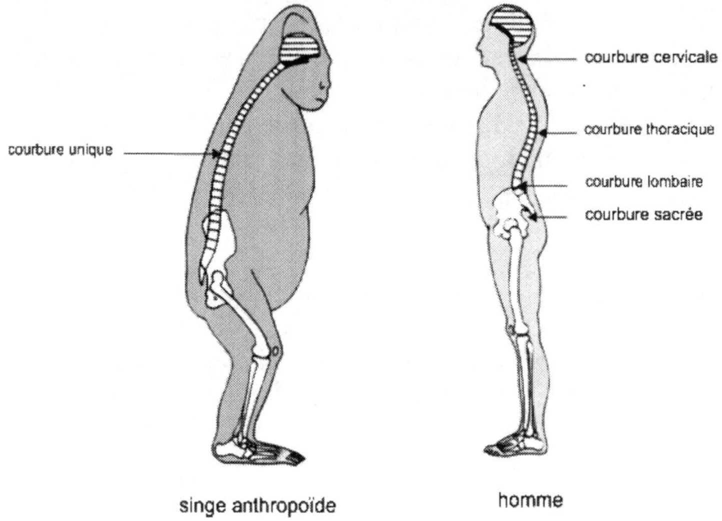

Fig. 4. Les courbures rachidiennes chez l'Homme et le singe anthropoïde.

En revanche chez l'Homme, dont le poids du tronc repose sur le bassin, la région lombo-sacrée maintient l'équilibre par le balancement du tronc sur les hanches. Aussi, les vertèbres lombaires humaines sont-elles plus volumineuses et plus nombreuses que celles des grands singes (5 au lieu de 4) (Fig. 3).

Si l'on en juge d'après la répartition des vertèbres, la bipédie semble donc avoir entraîné une sorte de « crânialisation » du rachis humain. Selon le professeur André Delmas, de la faculté de Médecine de Paris, le redressement du tronc et la formation de la courbure lombaire auraient provoqué la migration de la première vertèbre sacrée vers le rachis lombaire, formant ainsi une nouvelle vertèbre : la 5e lombaire ; cette vertèbre est parfois appelée « vertèbre de la station debout ». On rencontre en effet dans l'espèce humaine davantage d'anomalies par excès (par exemple une 6e lombaire), que par défaut. Il existe un renversement des tendances entre les grands singes et l'espèce humaine.

Les adaptations à la posture bipède, aussi bien sur les plans musculaires et posturaux exercés par la bipédie, ont donné lieu à des adaptations différentes de celles existant chez les autres primates. Par exemple, les apophyses épineuses des vertèbres qui prolongent l'arc vertébral vers l'arrière, sont nettement plus courtes chez l'Homme que chez les grands singes, dans les régions du cou et du thorax, en raison du moindre développement des muscles de la nuque dont l'action est réduite du fait de l'équilibre de la tête au-dessus de la colonne vertébrale (Fig. 5).

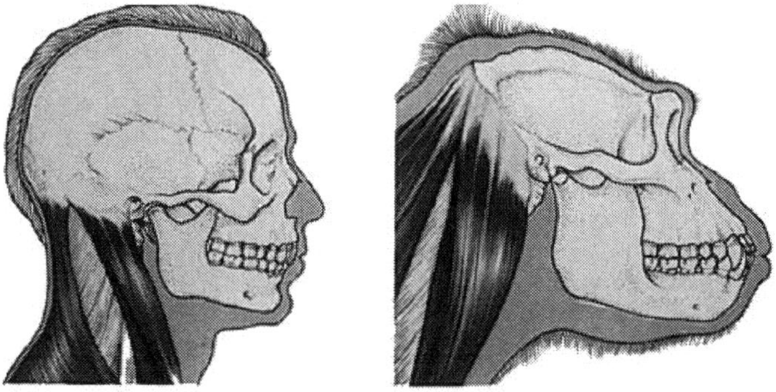

Fig 5 . Les muscles de la nuque de maintien de la tête chez l'Homme et l'Anthropoïde.

En effet ces muscles n'exercent plus chez nous le rôle de soutien de la tête. De plus, l'existence des courbures modifie l'orientation des apophyses épineuses : elles sont dirigées obliquement sur les parties convexes du rachis (courbures thoracique et sacrée), et horizontalement sur les parties concaves (ensellures cervicale et lombaire).

Les courbures rachidiennes ont pour effet d'assurer la souplesse du corps lors de la marche. Elles permettent la stabilité et l'équilibre nécessaires, grâce à la traction des muscles dorso-lombaires et fessiers, en compensation du poids des viscères abdominaux.

Le point dit de contraflexion, qui se situe au changement de courbure vertébrale, varie selon le sexe et les populations, ce qui se traduit par une cambrure plus ou moins marquée au niveau des vertèbres lombaires (L). (Fig 7) :

	Hommes	*Femmes*
Européens	L2-L3	L1-L2
Mongols	L3-L4	L2-L3
Mélano-africains	L4-L5	L3-L4

L'alternance des courbures peut être mise en évidence sur chaque vertèbre par la différence de hauteur entre les faces antérieure et postérieure des corps vertébraux (Fig. 6) Chaque courbure possède une vertèbre d'aspect cunéiforme (en forme de coin) appelée « clé de voûte » qui siège au point de contraflexion (5-6e cervicale, 7e thoracique, 2-3e lombaire, 3e sacrée).

« L'indice lombaire de Cunningham » exprime la forme de la vertèbre.
Il se calcule par le rapport entre la hauteur de la face postérieure du corps vertébral (h') et de la face antérieure (h). (Fig. 6)

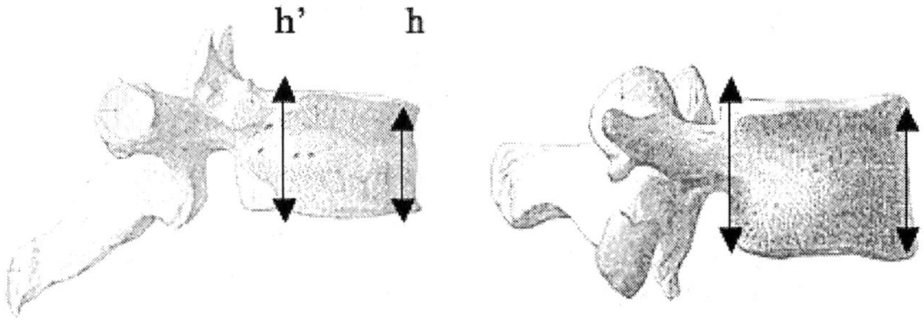

Fig. 6. La hauteur des corps vertébraux.
vertèbre thoracique (cœlorachique) : vertèbre lombaire cyrthorachique) :
h'> h h'< h

Il convient de tenir compte des variations sexuelles qui étaient certainement valables également chez les formes fossiles : d'une façon générale, chez la femme, les courbures sont surtout liées aux corps vertébraux alors que les courbures masculines dépendent davantage des disques.

En revanche, bien que permettant le redressement corporel permanent, les courbures de la colonne vertébrale s'accompagnent du rétrécissement des trous de conjugaison, lesquels s'ouvrent entre les vertèbres et par lesquels passent les nerfs qui transmettent et reçoivent les messages sensoriels et moteurs des différentes parties du corps. Ce rétrécissement entraîne la compression nerveuse et occasionne névralgies, sciatiques, lordose, cyphose, hernies discales, spondylarthroses, ainsi que bien d'autres petits ennuis qui gâchent bien souvent notre vie quotidienne.

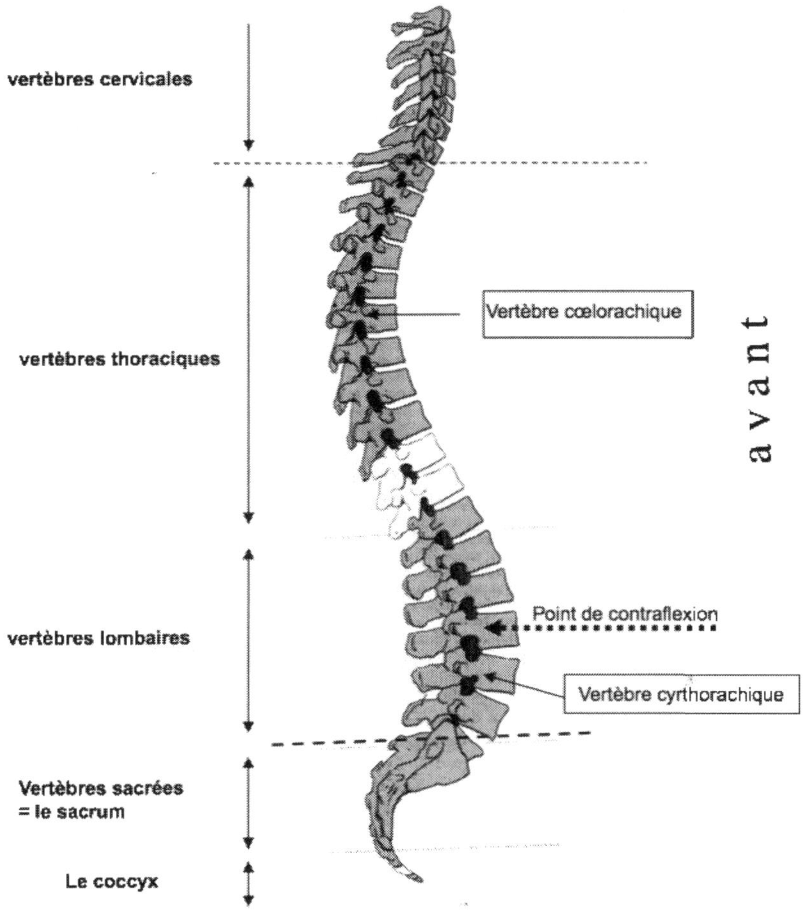

Fig 7 .Les courbures rachidiennes.

A la partie inférieure de la colonne vertébrale, le sacrum transmet le poids du corps au bassin, aussi sa forme diffère-t-elle entre les primates non humains et les bipèdes. Les cynomorphes (ou singes quadrupèdes de l'ancien monde (Afrique et Asie) comme le babouin, présentent un sacrum « en sablier » avec quatre vertèbres sacrées.

Chez les singes anthropoïdes comme le gorille ou le chimpanzé, il est plus étroit que chez l'Homme et plus allongé, en raison de la sacralisation fréquente de la 5e lombaire, ce qui confère six vertèbres au sacrum des grands singes. Chez les Hominidés, le sacrum est le plus large et le plus concave, avec un angle sacro-lombaire (115°), plus faible que chez les anthropoïdes (150°) et les cynomorphes (170°).

En ce qui concerne le squelette de l'épaule appelé « ceinture scapulaire » (clavicule et omoplate), l'attitude redressée permanente s'accompagne de l'élargissement du thorax ce qui a pour effet de déplacer l'omoplate vers l'arrière, conséquence de l'abandon de la fonction locomotrice primitive du membre supérieur. Or, si le déplacement de la ceinture scapulaire offre un avantage certain pour l'usage de la main, ce dont personne ne peut douter, il provoque en contrepartie la faiblesse de l'épaule et facilite sa luxation.

Le bassin (pelvis) ou ceinture pelvienne du bipède est constitué par le sacrum, qui relève du rachis, et par deux os coxaux évasés latéralement et pourvus d'ailes iliaques, larges et sinueuses qui s'articulent avec les fémurs. (Fig.8).

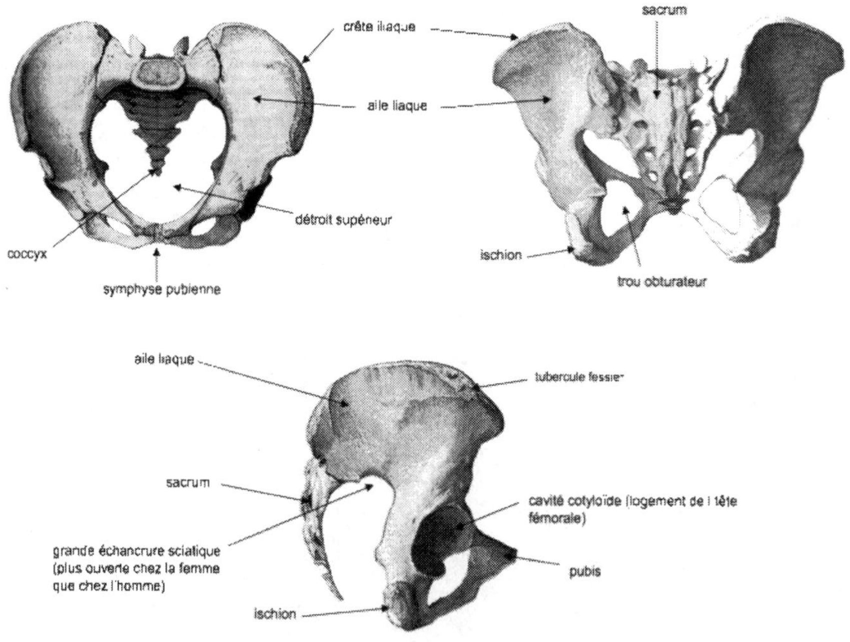

Les principales parties du bassin

Fig. 8. Les différentes faces du bassin humain.

Ils forment sur leurs faces postérieures et externes une surface étendue pour l'attache de muscles fessiers, très développés dans l'espèce humaine puisqu'ils stabilisent l'articulation de la hanche et assurent le redressement du tronc sur le membre inférieur.

Ces muscles existent chez les grands singes ou singes anthropoïdes. Comme ils assurent uniquement l'extension antéro-postérieure du tronc sur le membre inférieur, ils sont moins développés que chez nous. En revanche, chez les singes de l'ancien monde, appelés Catarhiniens, les moyens et petits fessiers jouent le même rôle que les grands fessiers des Hominidés bipèdes : ils assurent l'extension du membre inférieur d'avant en arrière et permettent l'extension du tronc par rapport au membre inférieur.

Chez l'Homme, la contraction du muscle grand fessier permet le redressement corporel par rapport au membre inférieur, condition nécessaire pour maintenir la posture verticale.

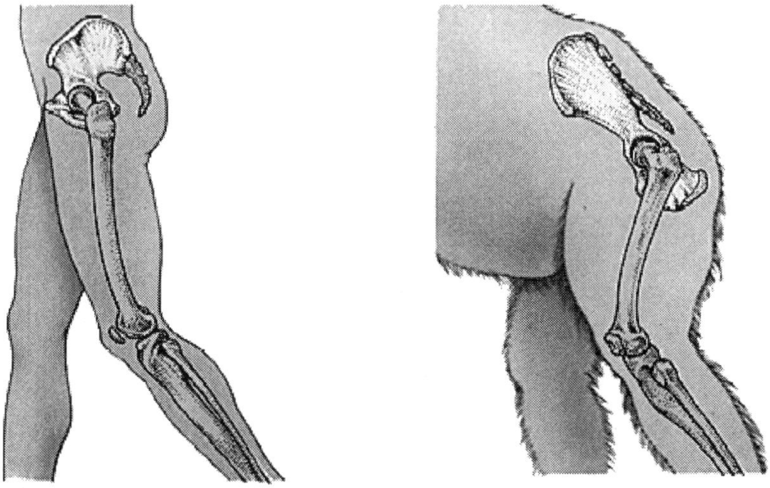

Homme Gorille

Fig. 9. Position du bassin humain chez l'Homme et le singe anthropoïde.

Par contre, les grands singes ont un bassin étroit et des ailes iliaques hautes et aplaties.

D'une manière générale chez les quadrupèdes, le bassin est allongé, étroit, et étiré dans l'axe du corps : il est donc peu évasé car il soutient une faible partie viscérale. Les muscles fessiers sont peu développés.

Il est de même chez les Catarhiniens (cynomorphes ou singes à museau allongé comme les babouins, les cercopithèque, les macaques...), chez qui l'ilion est très allongé et étroit, et dont l'ischion et le pubis sont courts. Chez les singes anthropoïdes (gorille, orang-outan, chimpanzé, gibbon), le bassin demeure toujours étiré, mais l'ilion s'élargit sans sa partie supérieure, alors que le pubis demeure court et l'ischion relativement bas.

Le bassin humain est construit sur le même schéma que celui des autres primates, mais il offre des différences fondamentales en raison de son adaptation à la station érigée : il est évasé, déjeté en arrière et en avant et surbaissé sous la pression des viscères abdominaux, et sous la traction des muscles fessiers. Par conséquent, l'évasement des ailes iliaques ménage, dans l'espèce humaine, une surface d'appui pour les viscères abdominaux dont la forme et les relations ont été modifiées par l'attitude verticale.

Autrement dit, l'élargissement du bassin lié à l'évasement des ailes iliaques apparaît comme l'un des signes distinctifs de la station verticale humaine. Il permet le soutien des viscères et donne insertion à des puissants muscles fessiers sans lesquels la marche bipède ne pourrait s'effectuer normalement. Il s'accompagne de l'écartement des cavités cotyloïdes ainsi que de l'obliquité des fémurs et de l'allongement concomitant du col fémoral, conditions indispensables au redressement corporel.

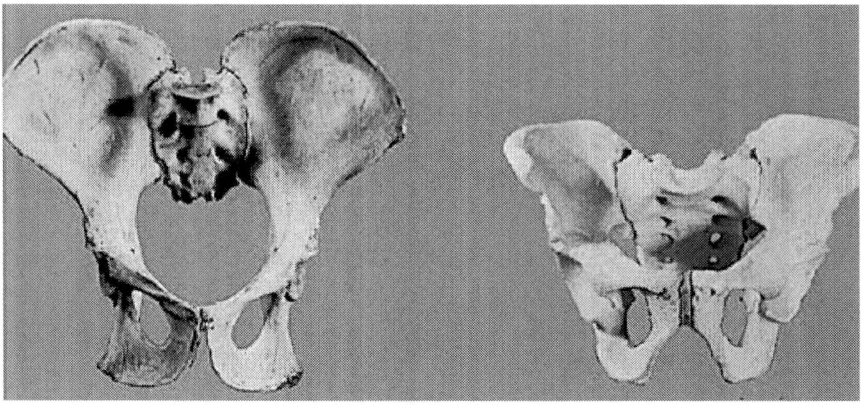

Fig. 10. Bassin d'un grand singe (à gauche) comparé à celui d'un homme.

Or la transmission des lignes de force dans les os longs du membre inférieur et plus particulièrement du fémur, s'effectue en ligne brisée d'où résulte la fragilité du col fémoral (notamment en cas de décalcification où la fracture est fréquente) et la prédisposition aux *coxa valga*, *coxa vara*, *genu valgum* et *genu varum* qui constituent autant de déviations par rapport à la disposition normale.

Avec le redressement corporel, le thorax ne s'est pas accompagné du renforcement indispensable de la musculature et des aponévroses, c'est-à-dire des enveloppes fibreuses de l'abdomen. De même, un certain nombre d'organes et de structures anatomiques ont conservé, en partie dans l'espèce humaine une disposition de type quadrupède, favorisant la descente des viscères et l'apparition de hernies.

Par exemple, la disposition des organes reproducteurs du bipède permet le coït en position frontale, fait unique dans le règne animal, hormis les bonobos qui en ont parfois recours, par ses conséquences sur les conduites affectives. Cependant, l'appareil uro-génital n'a pas été épargné lui non plus par l'influence de la bipédie sur la forme et les rapports viscéraux qui facilitent le prolapsus utérin. Malgré la verticalité fonctionnelle du corps, l'utérus conserve la même orientation que chez les quadrupèdes en faisant avec le vagin un angle de 90°, réduisant ainsi chez la femme les chances de fécondation. De plus, la coudure de l'urètre chez l'homme facilite la rétention de calculs vésicaux et la compression de la vessie lors de l'hypertrophie de la prostate.

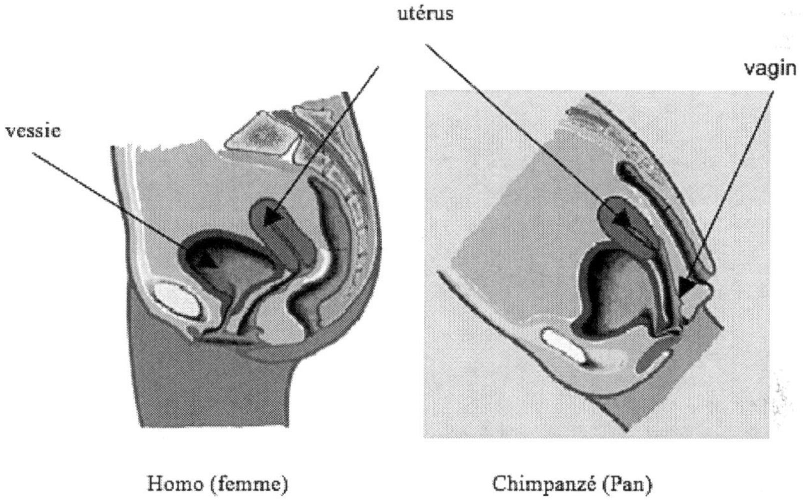

Fig. 11. Coupe du bassin chez le bipède et le singe anthropoïde.

De même, au niveau du membre inférieur et du bassin, la pression sanguine de retour est deux fois plus élevée chez l'Homme que chez les quadrupèdes en raison de la verticalité du corps. La baisse du tonus vasculaire favorise les varices et les hémorroïdes notamment, car les valvules veineuses ont conservé chez nous à peu près les mêmes propriétés mécaniques que chez les quadrupèdes.

La bipédie telle qu'elle existe dans l'espèce humaine, semble donc être intervenue dans un laps de temps relativement court, car la priorité relevait plus chez les premiers Hominidés de la fonction que de la qualité de l'adaptation à ce nouveau mode de locomotion.

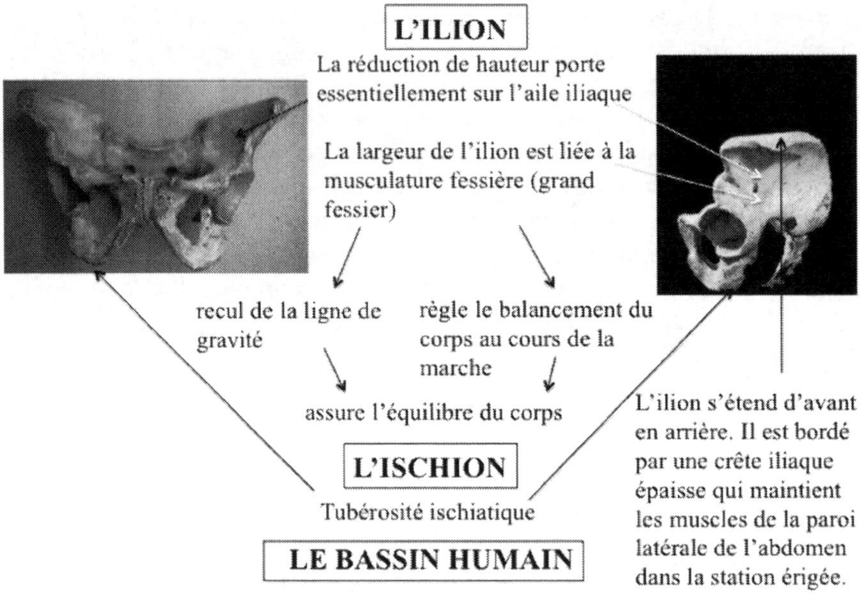

Fig.12. Le bassin de l'homme et des singes anthropoïdes.

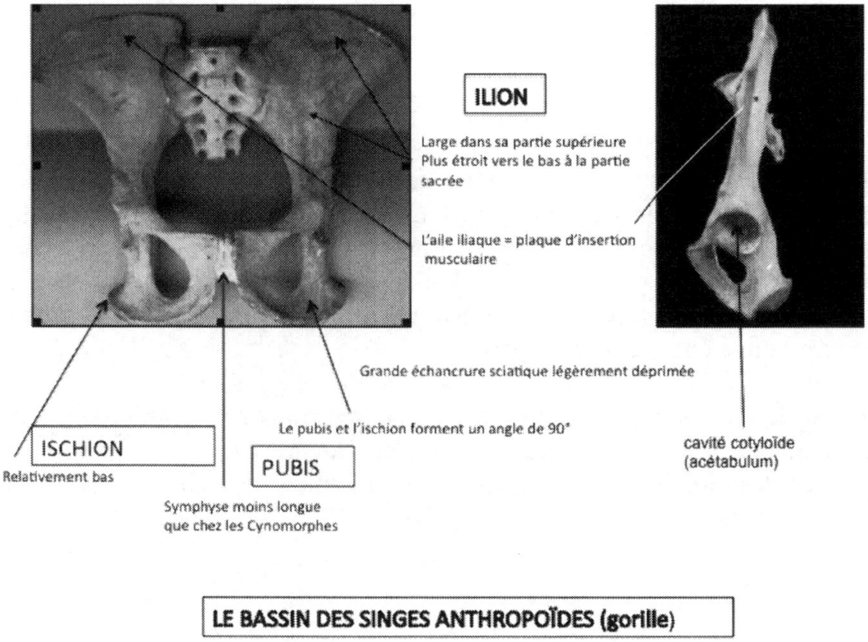

Depuis l'apparition des premiers bipèdes, un certain nombre d'ajustements se sont produits. Par exemple chez les Australopithèques, la présence d'un contour ovalaire de la cavité cotyloïde, qui reçoit la tête du fémur, et la longueur relative du membre supérieur des Australopithèques, montrent que ces primates fossiles redressés n'étaient pas très éloignés du stade quadrupède. Mais c'est au niveau de la tête osseuse et des conséquences de la station bipède sur la forme du crâne, avec pour cause primaire la flexion de la base du crâne, et pour effet essentiel l'hyper-développement du cerveau et la réduction de l'appareil masticateur, que le passage de l'animal à l'humain a atteint son expression et son niveau les plus achevés.

En résumé, la bipédie s'est avérée un mode de locomotion avantageux dans la mesure où elle a favorisé l'affranchissement du membre supérieur et de la main de toute priorité locomotrice, par conséquent, le développement du cerveau et l'apparition de la réflexion.

Loin d'avoir été un échec, la bipédie s'est imposée par ses effets, notamment par ses répercussions sur la tête et sur le système nerveux central, comme l'une des étapes fondamentales de l'histoire de la Vie, celle par laquelle l'animal est devenu capable de créer, d'imaginer et de penser.

III

LA LOCOMOTION HUMAINE

Contrairement aux reptiles qui se déplacent par reptation, c'est-à-dire avec les membres disposés transversalement à l'axe du corps, les mammifères progressent grâce à des mouvements antéro-postérieurs. C'est le cas de la plupart des Mammifères terrestres dont les primates quadrupèdes. Chez l'Homme, la démarche et les mouvements des quatre membres s'effectuent selon des modalités comparables. On retrouve chez l'Homme un point commun avec tous les primates, ce qui montre une fois de plus, que l'Homme ne descend pas du singe, mais qu'il provient du quadrupède, ou mieux semble t'il, d'un être chez qui une ébauche de redressement corporel était déjà amorcée. La structure de son pied en est d'ailleurs la preuve.

L'Homme, qui est d'origine terrestre et non arboricole, apparaît déjà doté d'une organisation sociale pré-humaine. L'homme primitif, sauvage et isolé, fait partie de ces idées obsolètes qui encombrent bien des esprits.

L'Homme se distingue de tous les autres primates par une démarche particulière : la marche par enjambées, c'est-à-dire à grands pas. Au cours de la marche, et alors que la colonne vertébrale demeure relativement fixe, le genou atteint sa complète extension avant que le pied ne touche le sol, ce qui est impossible chez les autres primates. Si les membres supérieurs n'ont aucune fonction dans le support corporel, ils se balancent alternativement avec les pas comme le font les membres antérieurs des quadrupèdes. Autrement dit, les balancements des bras n'ont pas nécessairement ce rôle d'équilibre qu'on leur a souvent attribué, mais représentent bien le reliquat de la locomotion quadrupède diagonale, c'est-à-dire la locomotion originelle de l'ordre des primates.

Cette coordination des mouvements est différente chez les singes brachiateurs, c'est-à-dire ceux qui se déplacent dans les branches en mode suspendu, lesquels adoptent occasionnellement la posture et la marche redressées, comme c'est le cas chez les gibbons et les autres anthropoïdes.

La marche bipède de l'Homme apparaît donc comme l'héritière de la démarche quadrupède et non pas comme une désadaptation de la locomotion brachiatrice, ce qui serait en contradiction avec les lois élémentaires de l'évolution. En effet, une forme engagée dans une voie ne peut opérer un demi-tour pour revenir à son point de départ et s'engager dans une direction différente. Les aiguillages n'existent pas dans l'évolution des êtres vivants, ou s'ils existent, ils fonctionnent dans un seul sens. Une automobile sans marche arrière, en quelque sorte. Conformément à la règle chez tous les mammifères, la locomotion humaine s'effectue par un mouvement de translation, les membres se déplaçant parallèlement à l'axe du corps et non pas transversalement comme chez les reptiles.

La dynamique du pas humain (Fig. 13.).

Le pas humain s'effectue par un mouvement de bascule pouvant se décomposer en trois phases successives.

La phase dite *taligrade* est la phase d'attaque du pas au cours de laquelle le pied frappe le sol par le talon. Durant ce court moment, tout l'appui corporel intéresse la grosse tubérosité du calcanéum (talon) qui transmet les forces mécaniques au membre inférieur. Contrairement aux singes anthropoïdes, le calcanéum humain doit donc être très robuste pour supporter une telle contrainte mécanique, aussi est-il particulièrement volumineux et oblique en bas et en dehors dans l'espèce humaine. C'est pourquoi le tarse postérieur (astragale et calcanéum) est robuste, allongé (sa longueur égale la moitié de celle du pied) et large (sa largeur correspond aux 2/3 de la largeur du pied).

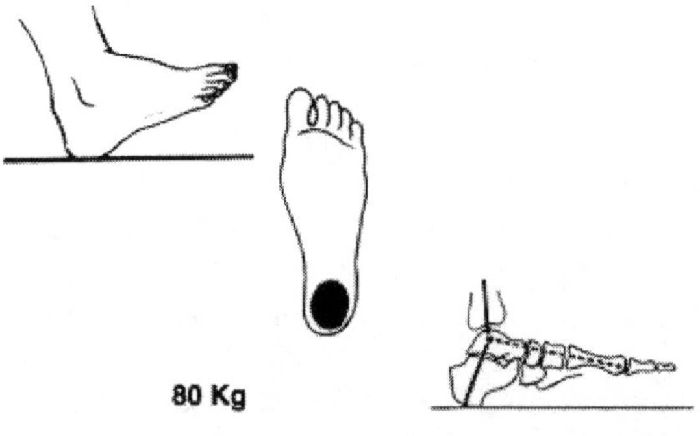

PHASE TALIGRADE

Au cours de la *phase plantigrade* qui fait intervenir la plante du pied, le pied atteint son stade d'équilibre avant la préparation à la poussée vers l'avant. Son appui sur le sol s'effectue par le talon, le bord externe de la plante et les têtes métatarsiennes : il s'agit là de trois points qui constituent ce que l'on appelle le polygône de sustentation. Il permet la répartition du poids corporel entre ces trois points, aussi bien durant la marche que pendant la phase stationnaire.

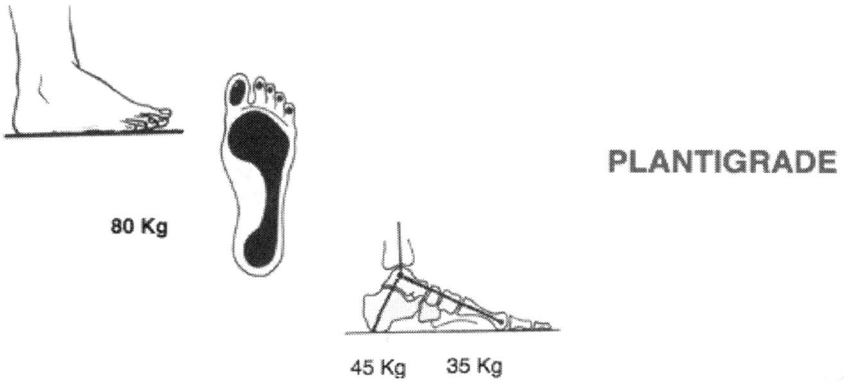

La phase *digitigrade* achève le mouvement de bascule lorsque le pied amorce un nouveau pas et, par conséquent, lorsque le pas commence un nouveau cycle. L'appui fonctionnel du pied s'effectue alors par les têtes métatarsiennes et non par les phalanges. Lors de la poussée vers l'avant, la bascule du pied fait intervenir principalement le premier rayon, c'est-à-dire le premier métatarsien et le gros orteil, qui supportent à leur tour, durant un court moment, presque tout le poids corporel. Aussi sont-il nettement plus développés dans l'espèce humaine que chez les autres primates.

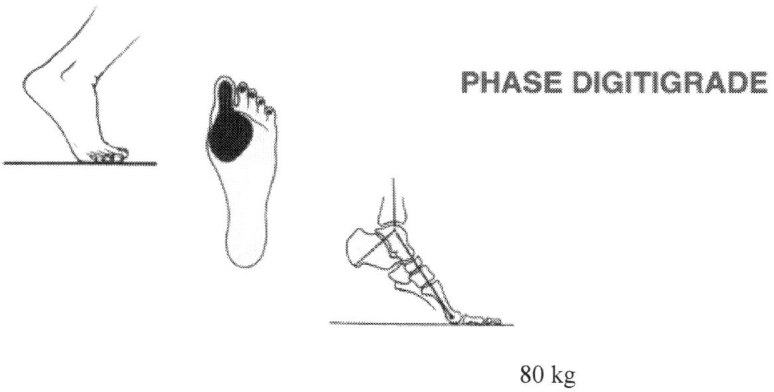

Fig.13. Les trois phases du pied sur le sol au cours de la marche.

Autrement dit, au cours des trois phases du pas, le pied s'appuie sur le sol en trois points principaux : le gros orteil, le talon et le bord externe de la plante. Durant un bref instant, les deux premiers vont supporter le poids corporel, alors que chez les singes anthropoïdes, une partie du poids corporel repose sur le bord externe, d'autant plus que les membres antérieurs assurent la part essentielle de la locomotion.

Chez l'humain, ces deux points doivent être renforcés en raison de l'action mécanique qu'ils exercent au cours de l'attitude bipède permanente. Il en résulte l'existence d'une voûte longitudinale propre à l'Homme. D'autre part, le point d'appui externe du pied, forme avec le point d'appui métatarso-phalangien du premier rayon, une voûte transversale, plus prononcée chez l'homme que chez les anthropoïdes. Si cette voûte existe en fait chez les singes en favorisant la préhensilité du pied et l'abduction, elle constitue chez nous un arc-boutant complémentaire de l'incurvation longitudinale, lié à l'abaissement du premier métatarsien et au rôle du gros orteil dans l'appui sur le sol.

Cette démarche a dû offrir une certaine valeur sélective aux premiers Hominidés chasseurs qui pouvaient poursuivre leur gibier durant des heures sans trop gaspiller leurs ressources d'énergie. L'adaptation du pied humain à sa capacité d'assurer cette fonction aussi fondamentale que la marche, n'a pas nécessité de réajustement anatomique important au cours de notre évolution paléontologique ; le pied de l'*Homo habilis* d'Olduvai daté, de 1,7 millions d'années, n'est pas très différent de celui du Néandertalien périgourdin de La Ferrassie 2 (45.000 ans), lequel évoque étroitement celui de l'homme moderne.

Le pied humain est fondamentalement un pied de plantigrade, c'est-à-dire de marcheur terrestre, ce qui l'oppose au pied des singes anthropoïdes qui conservent, même lorsqu'ils sont adaptés au sol (chimpanzé, gorille), un véritable pied d'arboricole : orteils allongés, appui latéral et non plantaire avec une nette divergence du gros orteil. Celui-ci, étant écarté du 2e rayon de 60-70°, autorise l'abduction par rapport au second orteil, et par conséquent une opposition secondairement acquise.

Les caractères orientés vers une adaptation arboricole existent chez tous les primates, bien qu'ayant été exploités d'une manière plus ou moins complète en fonction des facteurs écologiques et sélectifs. Les hominidés ont, pour leur part, totalement échappé à cette possibilité, puisqu'ils n'ont pas pris racine à partir de formes arboricoles.

La structure du pied humain reflète la spécialisation dans la station redressée et la marche par enjambées. Le pied humain se distingue du pied anthropoïde par un certain nombre de traits dimensionnels, proportionnels, ostéologiques et musculaires.

Malgré sa spécialisation fonctionnelle très originale, le pied humain a conservé certaines dispositions telles que la faible mobilité articulaire entre le tarse et les métatarsiens, lesquels demeurent disposés parallèlement entre eux, l'existence d'un gros orteil en adduction, c'est-à-dire non écarté des autres orteils, ce qui en clair signifie l'impossibilité d'opposition du gros orteil qui demeure accolé aux autres orteils.

Néanmoins, les muscles adducteurs sont développés chez l'homme, mais à un degré moindre que chez les singes.

Les dimensions relatives du pied humain présentent quelques traits constants tels qu'une faible longueur comparativement à la stature, à la longueur de la jambe et à celle de la colonne vertébrale (moins de 30 % chez l'homme contre plus de 80 % chez le tarsier). On notera enfin la brièveté du métatarse et surtout des orteils qui, tout en étant les plus courts des primates, apparaissent comme les plus robustes et les plus larges. (Fig. 14).

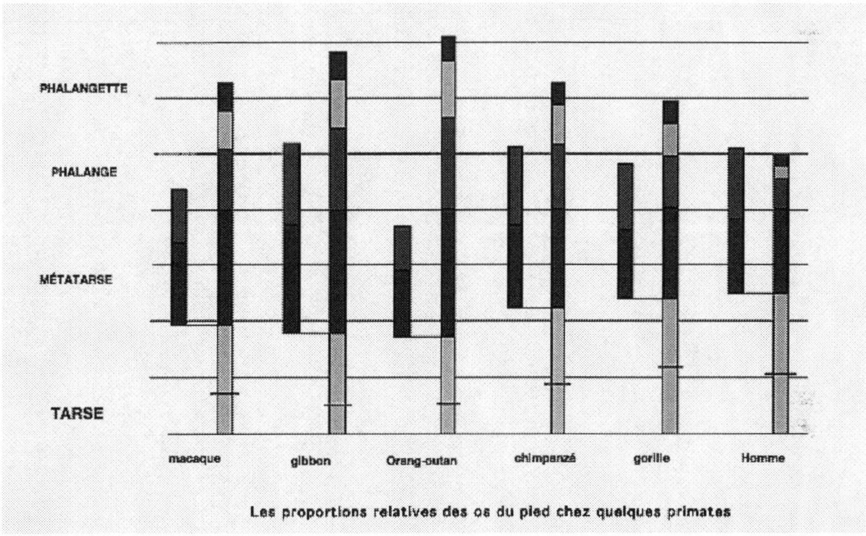

Fig. 14

C'est ce raccourcissement du pied humain qui donne à la marche plantigrade une souplesse et une aisance inégalées chez les autres primates. Cette brièveté du pied est soulignée par une largeur relative permettant l'extension transversale du polygône de sustentation, et par conséquent rend possible une meilleure répartition mécanique du poids corporel.

La locomotion humaine s'accompagne d'un certain nombre de changements musculaires au niveau de la jambe. Certains muscles deviennent très puissants comme le long péronier latéral et le muscle fibulaire qui assurent notamment la flexion plantaire et la pronation du pied, ou le jambier (triceps sural) particulièrement important lors de la marche. D'autres régressent, c'est le cas du plantaire grêle, absent par ailleurs chez un certain nombre de sujets.

On doit admettre que le pied humain a conservé au cours de l'évolution des traits de marcheur primitif, en passant d'une vie terrestre quadrupède à la station érigée, sans passer par le stade improprement qualifié « d'intermédiaire » à partir d'une spécialisation arboricole qui a été finalement sans effet sur l'hominisation.

IV

LA MAIN HUMAINE : DE L'OUTIL AU SYMBOLE

La main est un organe essentiel pour le genre humain dans la mesure où la bipédie a favorisé son indépendance par rapport à toute fonction locomotrice, pour acquérir des possibilités nouvelles uniques dans le règne animal. La main humaine n'est pas uniquement un organe de préhension. Le passage de la main des primates à la main humaine, s'est accompagné de transformations qui intéressent davantage les fonctions que la structure anatomique. Elle est devenue un organe de perception et de relation avec le monde extérieur. C'est l'organe essentiel du 5ème sens, le toucher constituant avec la vue et l'ouïe, les principales sources de contact avec l'environnement physique. La main n'est pas seulement un organe permettant la manipulation, la création par modification de la matière comme la fabrication d'outils : elle est un organe de communication entre les individus, un organe de transmission de la pensée et du langage. Elle a acquis une fonction sociale, créatrice, artistique, par laquelle elle a transformé notre condition animale. La main humaine assure une triple fonction, comme organe moteur et sensoriel, et comme organe de communication, fait unique dans le monde animal (Fig.15).

Ces fonctions nouvelles ont marqué leur empreinte sur le cortex cérébral dont une partie étendue est constituée par les neurones, autant moteurs que sensoriels correspondant à la main (Fig.30, p. 67).

Alors que le pied humain s'est spécialisé par l'adaptation à la marche bipède, la main a conservé dans sa structure anatomique, la disposition pentadactyle des Mammifères primitifs, avec cinq doigts allongés, deux phalanges au pouce et un axe de symétrie passant par le troisième rayon. Peu de différences opposent la main de *Notharctus*, ancêtre du tarsier de l'époque éocène il y a près de 60 millions d'années, de celle d'un Homme actuel. Les principales différences portent sur la réduction du nombre des os du carpe qui passent de huit à sept os, consécutivement à la perte de l'os central, toutefois présent, chez le fœtus humain comme un cartilage indépendant qui se fusionne par la suite avec le scaphoïde qui est l'os le plus externe du carpe. Chez les anthropoïdes, l'os central existe, mais il peut se fusionner occasionnellement.

La main humaine comporte 25 articulations permettant 58 mouvements fondamentaux.

Chez la plupart des mammifères, ce modèle initial a été modifié à la suite de spécialisations en rapport avec le mode de locomotion. Il s'agit en premier lieu de la réduction du nombre des doigts (chevaux, bovidés, suidés, comme le cochon par exemple), ou de l'allongement des quatre derniers doigts par rapport au pouce (primates brachiateurs). Son développement a été interrompu précocement au cours de l'ontogenèse, c'est-à-dire durant le développement et la croissance de l'individu, et parfois dès le stade fœtal (Atèle). Dans ce cas la suspension dans les arbres a favorisé l'élongation des doigts et des métacarpiens, ainsi que la courbure des phalanges, les doigts jouant un rôle de crochet. Il s'agit d'une spécialisation particulière qui n'a évidemment rien à voir avec la main humaine.

Le fait essentiel peut se résumer en une phrase : les changements qui ont affecté la main au cours de l'évolution, et celle des primates en premier lieu, ont porté davantage sur les fonctions que sur la structure anatomique.

Il existe un antagonisme, pouvant conduire jusqu'à l'incompatibilité, entre manipulation et locomotion. Chez les singes anthropoïdes, la locomotion l'emporte, chez l'Homme, c'est la manipulation.

La bipédie a affranchi la main humaine de sa fonction locomotrice initiale chez les primates pré-humains. Aussi, est-elle construite pour saisir avec force et précision, ce qui lui permet de fabriquer des outils, de coudre, de jouer du piano, et non de se déplacer dans les branches ni sur le sol. C'est la raison pour laquelle le pouce de l'Homme, le plus long dans l'Ordre des primates comparativement aux autres doigts, peut s'opposer librement aux quatre derniers doigts. Le rapport de la longueur du pouce à la longueur totale de la main au niveau du 3ème rayon est particulièrement explicite, ainsi qu'en témoignent les chiffres suivants :

Types de Primates	espèces	%	locomotion
....	Langur	40 0	(arboricole)
CATARHINIENS	Cercopithèque..	51	(quadrupède)
CYNOMORPHES	Macaque........	53-56	(quadrupède)
	Babouin........	57	(quadrupède terrestre)
	Orang-Outan....	43	(semi brachiateur)
PONGIDES	Chimpanzé	47	(semi-brachiateur)
(grands singes)	Gibbon.........	52	(semi-brachiateur)
	Gorille	54	(semi-brachiateur)
	Néandertaliens.	61,1-62,4	(bipèdes)
HOMINIDES			
	Homo sapiens	67-60,8	(bipèdes)

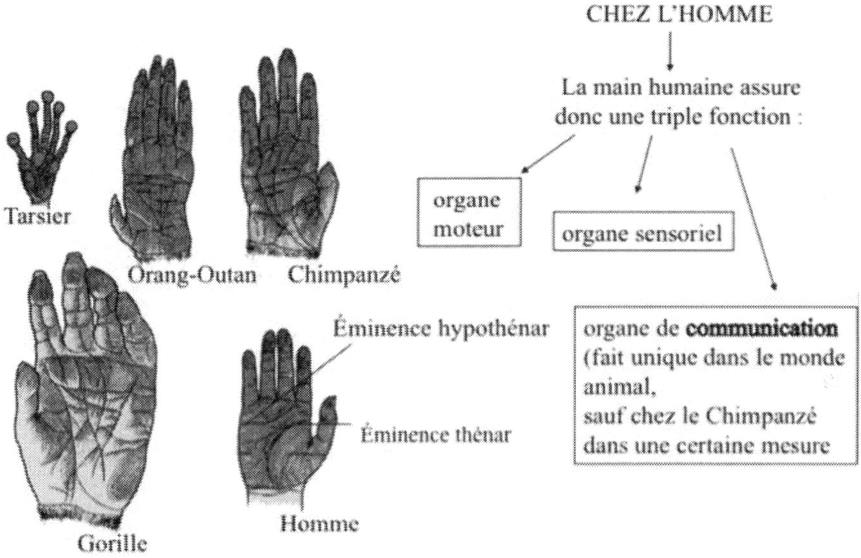

Fig.15. La triple fonction de la main humaine.

La préhension résulte de l'opposabilité du pouce qui s'effectue entre l'extrémité de ce doigt et celle des quatre autres. Cette fonction, qui constitue une « saisie de précision » est impossible chez les autres primates. Durant les premiers stades de la vie humaine, la saisie de précision est précédée par une « saisie de force » qui s'exerce entre les quatre derniers doigts et la paume. Chez les grands singes et les brachiateurs, l'augmentation de la longueur des doigts par rapport au pouce a favorisé un mode de saisie dit « en crochet » ou *« hook-grip »* qui se rencontre occasionnellement chez l'Homme dans certaines circonstances, par exemple dans la suspension, l'abaissement d'une fenêtre à guillotine ou le port de valises lourdes. De même, la saisie par adduction transversale des doigts ou *« cigarette-grip* », est possible chez les singes dont le pouce n'est pas opposable.

Au cours de l'histoire paléontologique des espèces (la phylogénèse), le perfectionnement progressif de la préhension est en rapport avec à la complexité croissante des voies motrices et sensorielles. Les spécialisations des primates, en raison de la diversité des niches écologiques et des modalités adaptatives qui en ont résulté, ont imposé à leur main une prédominance locomotrice sur tout autre rôle potentiel (Fig.16).

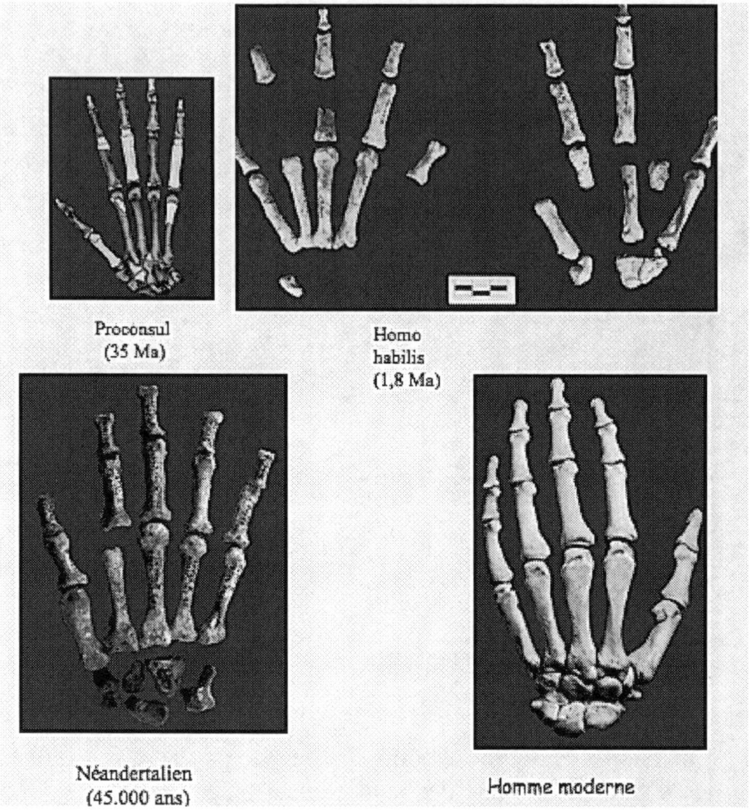

Fig.16. Quelques squelettes de mains.(Doc.pédagogique).

Chez les prosimiens, primates actuels les plus primitifs et localisés à Madagascar, probablement assez proches par leur constitution des premiers primates, la double fonction de force et de précision n'est pas différenciée : la main joue le rôle d'une pince en raison de l'absence de rotation possible du pouce.

Chez les singes platyrhiniens du Nouveau Monde (le ouistiti et le gelada par exemple) qui se sont détachés très tôt du tronc commun conduisant aux autres primates de l'ancien monde, comme les anthropoïdes (gorilles, chimpanzés, orangs outan, gibbons), et par la suite les Hominidés, il n'existe pas d'opposition du pouce. Ce dernier est accolé aux autres doigts à la suite d'une spécialisation arboricole. Il sert par conséquent de pince latérale. La main semble plus spécialisée que chez les prosimiens, malgré un fonctionnement complexe et une sensibilité digitale plus fine comme chez les Tarsiers (prosimiens sauteurs) dont l'activité est essentiellement nocturne.

Avec les Catarhiniens (singes de l'Ancien monde), les actions de force et de précision vont se différencier. Bien que l'anatomie de leur pouce diffère peu de la nôtre, l'opposition et l'indépendance des mouvements ne sont jamais aussi poussées que dans l'espèce humaine. Contrairement à l'Homme, les singes ne sont pas soumis aux mêmes pressions sélectives concernant la perception sensorielle et la coordination neuro-musculaire. Aussi, leurs mouvements de précision sont-ils impossibles.

Le cas des singes anthropoïdes est particulier car leur extrême spécialisation s'oriente en faveur de la fonction locomotrice aux dépens de la manipulation. Ils ont pris une direction différente de la nôtre malgré l'existence de traits de convergence qui incitent souvent à les placer un peu trop près de nous.

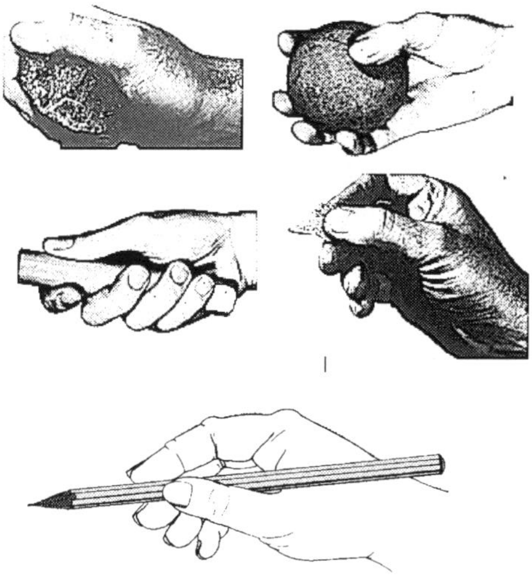

Fig.17. Différents types de préhension chez l'Homme.

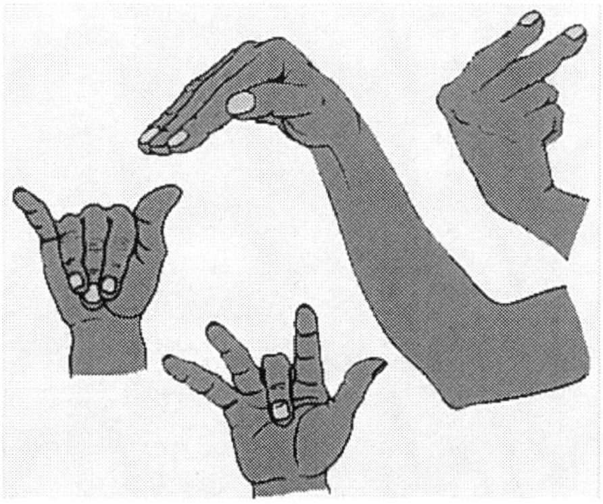

Fig.17 bis. Signes manuels utilisés au cours de la chasse par les Bushmen (d'après D

V

LA GENESE DU CRÂNE HUMAIN

D'une façon schématique, la formation de la tête humaine, au cours de l'évolution, résulte de l'action conjointe et réciproque de trois facteurs fondamentaux : l'acquisition d'une bipédie permanente liée à la flexion de la base crânienne, le développement considérable des hémisphères cérébraux (télencéphalisation) comparativement à la face, et la réduction relative de notre l'appareil masticateur et par conséquent du massif facial. Ces trois étapes ont été associées à de nombreuses modifications anatomiques. Ce sont par exemple, les changements de l'articulation temporo-mandibulaire, la formation de l'oreille osseuse et du conduit auditif à partir de la bulle tympanique des primates inférieurs, ou la réunion des deux hémi-mandibules en un arc osseux unique.

Le redressement corporel s'est accompagné d'une bascule vers l'avant de l'axe de la colonne vertébrale, entraînant le trou occipital en avant et en bas avec pour effet le recul du centre de gravité du crâne, comparativement aux grands singes. Afin d'assurer son état d'équilibre au-dessus de la colonne vertébrale, la boîte crânienne a dû s'adapter à cette nouvelle disposition, en répartissant de part et d'autre de l'axe rachidien sa masse osseuse par une tendance à la sphérisation. Celle-ci est obtenue d'une part en arrière par la convexité de la partie occipitale et l'élévation de sa partie membraneuse formant les os de la partie postérieure de la voûte crânienne et, d'autre part en avant, par le même processus de bascule de la région frontale.

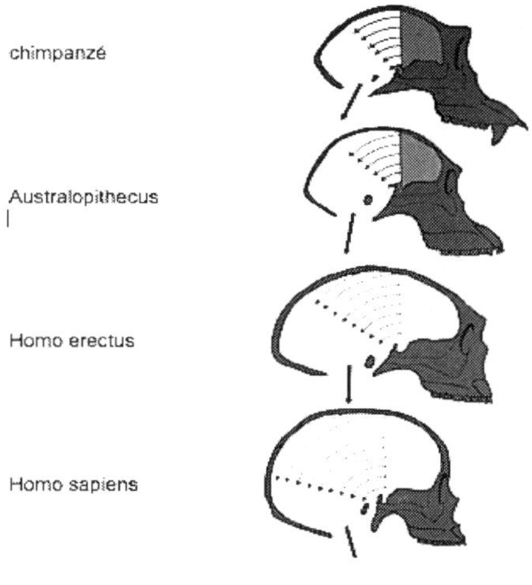

Fig.18. La rotation de la région occipitale.

La rotation de la région occipitale recouvre complètement le cervelet (rotation positive) et intéresse la partie inférieure (nucale), ce qui entraîne la migration du trou occipital et de l'articulation entre la base du crâne et la colonne vertébrale vers l'avant et le bas. (Fig.18). Ceci place la tête des premiers hominidés, dont la bipédie était quelque peu différente de la nôtre, en porte-à-faux par rapport à l'animal. Cette contraction occipitale crée un hiatus entre la base du crâne, qui est d'origine cartilagineuse, et l'écaille occipitale formée à partir d'un os embryonnaire de nature membraneuse. Ce hiatus va se combler au cours de la croissance, par l'apparition d'un os appelé interpariétal fœtal. Cet os, très réduit chez les premiers Hominidés comme les Australopithèques, va s'étendre progressivement au cours de l'évolution pour devenir l'écaille occipitale du crâne humain.

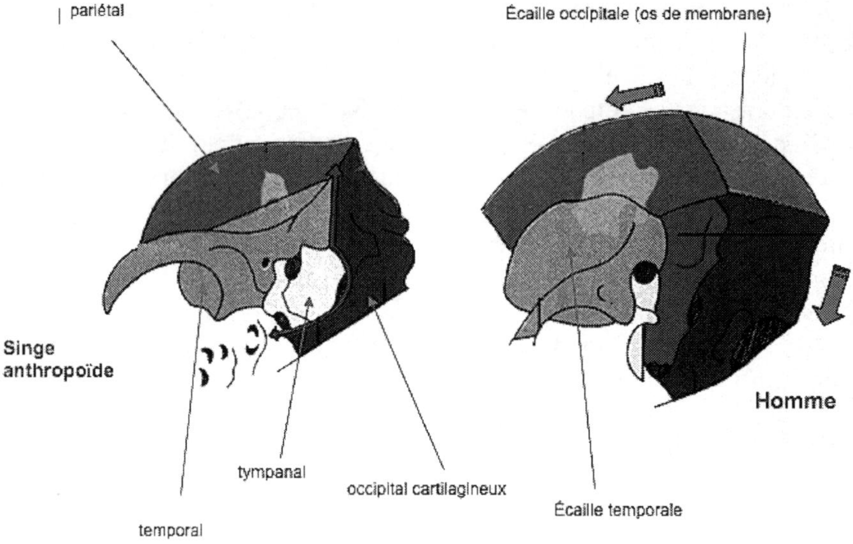

Fig. 19. La rotation du crâne humain (droite) et ses implications sur le développement relatif des os de la voûte par rapport au crâne des anthropoïdes.

En ce qui concerne la partie antérieure de la boîte crânienne, la région frontale va s'étendre et basculer vers le bas et l'avant, dans un mouvement contraire à celui de l'occipital. Ainsi, le lobe frontal du cerveau, relativement réduit chez les premiers Hominidés (Australopithèques, *Homo habilis* et *Homo erectus* archaïque), va pouvoir s'épanouir en avant des aires motrices. Cette région, dite préfrontale, a joué un rôle essentiel dans l'émission du langage articulé, dans le comportement humain, l'affectivité, la représentation du temporel (passé et avenir), le sens de la prévision et le maintien de l'attention. Elle est caractéristique de l'espèce humaine.

Il en résulte le redressement du front qui va surmonter la face qui se place au-dessous de la boîte crânienne et non plus en avant, comme chez la plupart des autres mammifères. La conséquence de cet enroulement de la boîte crânienne intéresse la masse musculaire de l'os occipital qui n'exerce plus chez l'Homme son rôle essentiel de maintien de la tête, et se réduit à la partie nucale. De même, la réduction des muscles masticateurs, du fait de la position de la face, va libérer la partie pariétale de l'étau musculaire, en rapport avec la position d'équilibre de la tête d'une part, et d'autre part de l'appareil masticateur. Ces surfaces osseuses, en partie dépourvues de l'insertion des muscles liés à ces deux fonctions fondamentales que sont la position d'équilibre de la tête et la fonction masticatrice, vont se développer au profit de l'expansion du cerveau.

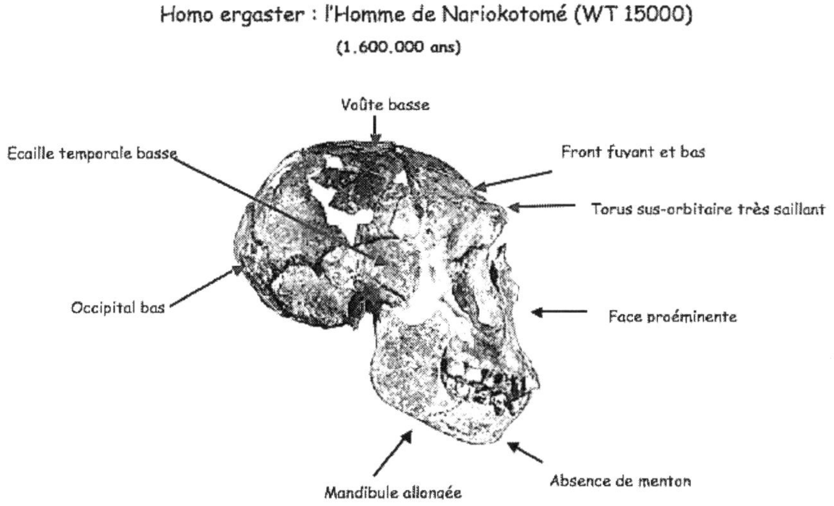

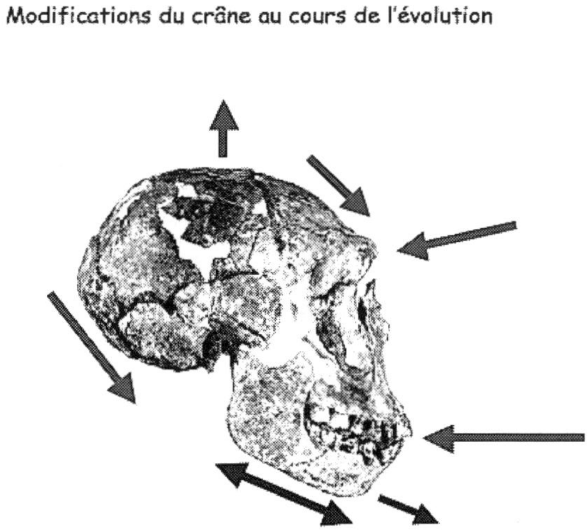

Fig. 20. Les transformations du crâne au cours de l'évolution humaine.
Homo ergaster, 1,600 Ma.

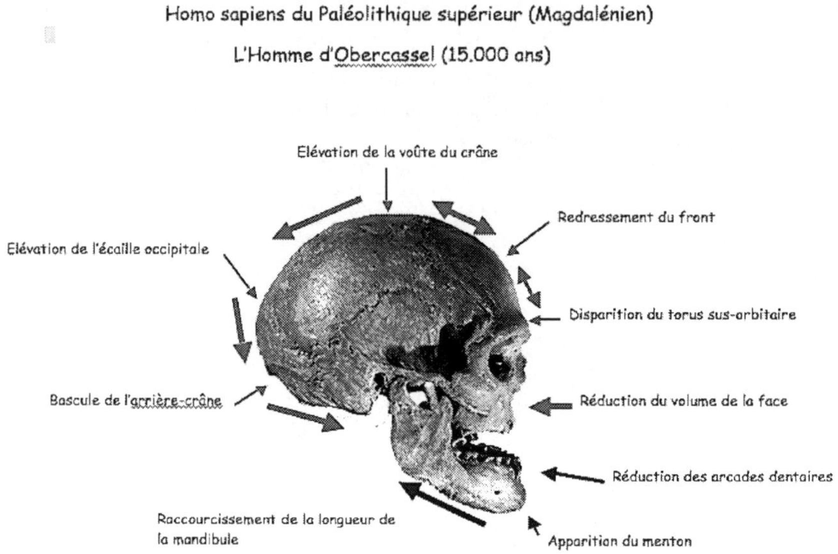

Fig.21. Les modifications du crâne exercées chez *Homo sapiens* (15.000 ans) depuis *Homo ergaster* (1 million 600.000 ans).

C'est ainsi qu'entre l'os frontal et l'os occipital, le pariétal pourra s'épanouir tel un éventail qui s'ouvre en même temps qu'il bascule vers l'avant autour de sa charnière. Ce mouvement s'exécute en réponse à la dynamique évolutive de l'os frontal et de l'occipital et à l'expansion du lobe pariétal. Il permet l'augmentation des zones d'association et de coordination situées au carrefour des aires auditives, du toucher et de la vue. Il en résulte une succession d'épiphénomènes propres au genre humain, qui laisse le champ libre pour l'expansion du cerveau.
Un tel ensemble de transformations serait inopérant sans les modifications de la face qui s'exercent par sa réduction relativement au neurocrâne. L'étude biométrique a montré que, par rapport à leurs volumes corporel et cérébral, les premiers Hominidés étaient pourvus d'un massif facial deux à trois fois plus volumineux que le nôtre, malgré des capacités créatrices et un régime alimentaire omnivore qui n'ont guère subi de révolution fondamentale jusqu'à l'avènement d'*Homo sapiens*. Le rapport du volume facial et du volume du crâne cérébral permet de quantifier les variations constatées au cours de l'évolution humaine.

Cette réduction du volume facial était présente chez plusieurs groupes de primates, notamment les platyrhiniens (singes du Nouveau Monde) chez lesquels la régression du système olfactif, ainsi que la disposition des orbites dans le plan frontal, ont constitué un avantage sélectif dans la vie arboricole (Fig.22).

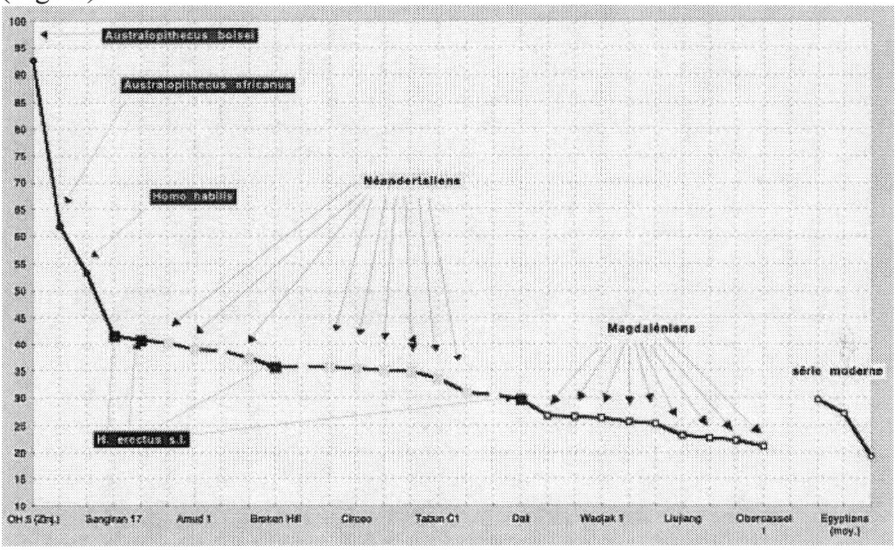

Fig.22. L'indice cranio-facial au cours de l'évolution humaine.

L'indice cranio-facial permet d'évaluer le volume du massif facial par rapport au neurocrâne. Il diminue au cours de l'évolution.

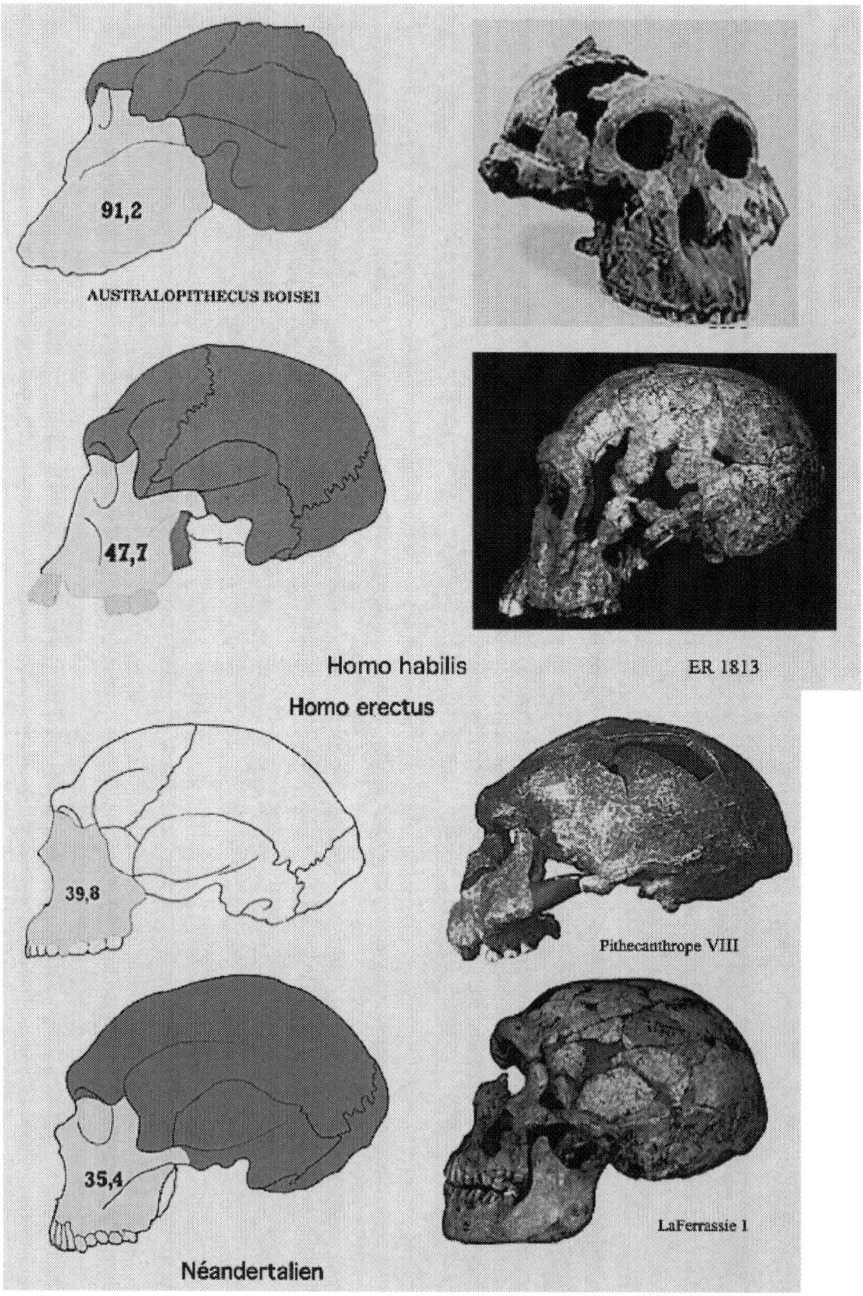
91,2
AUSTRALOPITHECUS BOISEI
47,7
Homo habilis
ER 1813
Homo erectus
39,8
Pithecanthrope VIII
35,4
LaFerrassie 1
Néandertalien

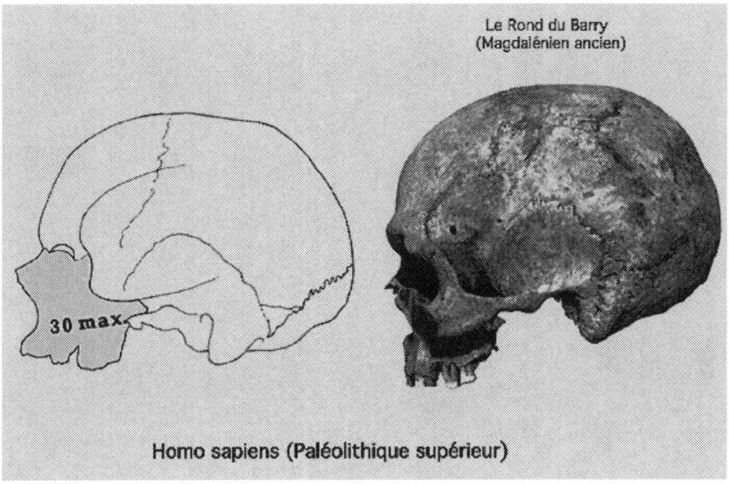

Fig.22 bis. L'indice cranio-facial chez divers Hominidés.(photos J-L Heim).

L'acquisition de la bipédie n'a pas interrompu ce processus dans le genre humain, mais la poussée encéphalique et le développement du neurocrâne, l'ont emporté sur celui du massif facial et de l'appareil masticateur, ce qui a entraîné la réduction relative de la taille des canines et des prémolaires, l'inversion des dimensions des molaires, et des modifications de la surface masticatrice des dents (cuspides dentaires).

La différence du rythme de croissance entre le neurocrâne et le crâne facial s'est poursuivie jusqu'à l'avènement d'*Homo sapiens* chez qui la face a atteint son degré de développement relatif le plus faible, du fait de la réduction de sa longueur antéro-postérieure. Celle-ci s'est accompagnée du recul du centre de gravité de la tête qui se rapproche de l'axe de gravité corporel, parachevant ainsi l'équilibre de la posture auquel l'acquisition de la bipédie chez les premiers Hominidés, il y a environ trois millions d'années, n'avait pu pleinement parvenir.
Dès que les premiers Hommes ont pu disposer d'un équilibre corporel suffisant et nécessaire pour se déplacer sur leurs deux membres inférieurs, même si cette bipédie était encore balbutiante ou différente de la nôtre, le développement cérébral s'est imposé comme l'urgence prioritaire pour la survie de l'espèce. Son développement, ainsi que celui de la boîte crânienne, a dépassé celui de l'appareil locomoteur. Étant donné que le neurocrâne, et par conséquent le cerveau, n'offrent plus depuis au moins 100.000 ans de raison impérative de s'accroître en volume, la face a fait les frais de cet ajustement en adoptant l'équilibre de la tête au-dessus de la colonne vertébrale, plus efficace et plus économique en énergie musculaire.

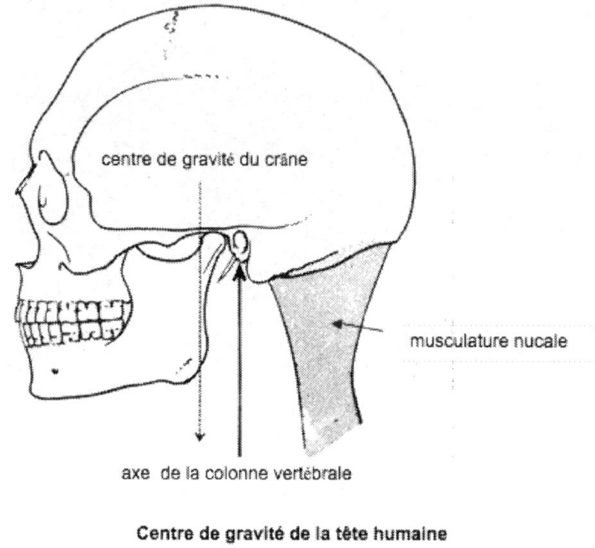

Fig.23. Le centre de gravité de la tête humaine.

Jusqu'aux derniers Hommes de Néandertal, soit avant l'expansion d'*Homo sapiens*, il y a moins de 37.000 ans, la plupart des crânes ont conservé leur structure archaïque originelle, avec de fortes superstructures et une face volumineuse par rapport à la boîte crânienne. Sous l'effet de la poussée encéphalique, l'ensemble de la tête osseuse a atteint, chez les derniers représentants de cette lignée fossile, un volume d'autant plus important que le crâne cérébral (neurocrâne) ne cessait de s'accroître, tandis que la face et le système masticateur avaient très discrètement amorcé leur réduction. Au cours de l'évolution du genre humain, la face s'est réduite moins vite que le cerveau ne s'est développé. C'est pourquoi, chez les Hommes de Néandertal et leurs contemporains qui représentent le stade fossile le plus tardif, seul l'allègement du massif facial, s'est imposé comme l'alternative la plus efficace au recul du centre de gravité céphalique. Cet allègement a été obtenu par l'expansion des parties creuses qui n'exercent aucun rôle actif dans l'architecture de soutien ou dans la propagation des contraintes masticatrices (Fig. 56, page 117) .Un tel développement des parties creuses (pneumatisation) concerne les cavités sinusales dans les régions périnasale, maxillaire et frontale, ainsi que par l'augmentation du volume des orbites et des fosses nasales. Cet ajustement de l'extrémité céphalique a permis aux Hommes de Néandertal et à leurs contemporains, de même qu'à leurs prédécesseurs européens, de disposer d'une architecture particulière, permettant une efficacité mécanique optimale pour un minimum de poids, et garantissant un équilibre efficace de la tête. Cette disposition a fait ses preuves durant près d'un million d'années.

En revanche, avec *Homo sapiens* et ses prédécesseurs, l'évolution de la tête osseuse a porté en priorité sur la réduction du massif facial par rapport au crâne cérébral, à une époque antérieure à l'avènement des Néandertaliens. Ceci implique l'existence d'une tendance ancienne que l'on peut qualifier de « présapiens », qui n'a malheureusement pas été reconnue par tous les anthropologues qui lui préfèrent des appellations comme « *Homo erectus* évolué », « Homo sapiens archaïque » sans compter tout le foisonnement de noms « d'espèces » différentes pour finalement désigner la même forme humaine. Le stade « présapiens » est suffisamment explicite sous la forme de tendances isolées, et plus particulièrement chez les premiers Hominidés européens, pour qu'on ne puisse le remettre en question. Si l'on n'a pu préciser exactement le point de départ de cette tendance, on connaît son aboutissement et son succès puisque, de nos jours, avec plus de six milliards de représentants, *Homo sapiens* est devenu la seule forme humaine existante.

La morphologie de la tête humaine, telle qu'on l'observe aujourd'hui chez les populations actuelles, n'est connue que depuis le Paléolithique supérieur, il y environ 35.000 ans, bien que certains caractères considérés isolément étaient déjà observables sur les crânes fossiles plus anciens, antérieurs même à l'apparition des Hommes de Néandertal. L'architecture du crâne moderne présente certains avantages par rapport à celle des Néandertaliens et de leurs prédécesseurs, dans la mesure où, du fait de la réduction relative de la face et du système masticateur, le maintien de l'équilibre statique de la tête et le recul du centre de gravité, ont été obtenus d'une façon plus économique, sinon plus efficace.

Ce moindre développement facial n'a pas contraint *Homo sapiens* à faire intervenir le processus compensatoire d'allègement, lié à l'expansion des sinus et des cavités faciales. L'augmentation du volume cérébral, qui suit la même progression que dans la lignée Erectus/Néandertal, va s'accompagner d'une face moins volumineuse, aboutissant dans un premier temps, à la disparition du bourrelet sus-orbitaire, puis dès le Würm III, soit vers 35 ou 38.000 ans au moins, à l'apparition d'un certain nombre de traits caractérisant notre espèce.

Parmi les traits les plus représentatifs de la face humaine « moderne », figurent les conséquences du retrait de l'arcade dentaire dont l'apparition du menton, lié principalement au recul de l'arcade alvéolaire qui porte les dents par rapport à l'arcade basilaire qui constitue l'armature osseuse de la mandibule, est l'une des conséquences les plus représentatives. Il en va de même pour le raccourcissement des maxillaires dans le sens de la longueur, la disparition de l'espace en arrière de la troisième molaire (espace rétromolaire), le redressement de la branche montante de la mandibule, la migration vers l'avant de la position du trou mentonnier, le raccourcissement du diamètre antéro-postérieur (mésio-distal) des molaires et la régression de la troisième molaire (la dent de sagesse), qui intéresse une part de l'humanité actuelle chez laquelle cette dent ne parvient pas à pousser (agénésie), ou par manque d'espace, ou fait l'objet de malpositions ou de troubles pathologiques. En raison de la disparition du rôle bio-mécanique des cavités sinusales de la face, celles-ci ont perdu leur rôle d'allègement et peuvent se développer, selon les lois génétiques de la diversité, sans atteindre en règle générale le volume qu'elles occupaient chez les Néandertaliens ou les derniers *Homo erectus*. La face n'étant plus gonflée par la pneumatisation, les fosses canines s'accusent, les cavités faciales se réduisent, alors que disparaissent les puissantes structures osseuses telles que les bourrelets sus-orbitaire, occipital ou angulaire (torus), présents chez *Homo erectus*. Cette gracilisation, qui intéresse la réduction du dimorphisme sexuel, c'est-à-dire les différences entre le squelette masculin et féminin, depuis la fin du mésolithique (il y a environ 8000 ans en Europe), sont la preuve que notre évolution biologique et posturale est loin d'être achevée. L'Homme futur n'est peut-être pas pour demain, mais, pour le moment, il semble avoir pris la voie qui devrait y conduire. Il ne tient qu'à lui de ne pas se perdre en chemin. Comme le rappelle le généticien Albert Jacquard : « si c'est la nature qui a créé *Homo*, c'est bien l'Homme lui-même qui a inventé *sapiens* ».

VI

LE CERVEAU HUMAIN OU L'ORIGINE BIOLOGIQUE DE LA CONSCIENCE

Il y a en l'Homme quelque chose qu'on ne voit pas, d'où résulte la connaissance de nous-même, et qui est la raison" (Linné, 1746).

La réflexion apparaît avec l'Homme, cela ne fait aucun doute. Mais comment la mettre en évidence sur le plan paléontologique puisque seule, la morphologie externe du cerveau est en partie accessible sur les moulages endocrâniens ? On peut se référer à la marche bipède, l'indice le plus fiable. On peut aussi faire appel à la morphologie de la seconde prémolaire inférieure ou à l'existence d'un certain nombre d'anastomoses des empreintes vasculaires méningées, visibles sur la paroi endocrânienne des os de la voûte, et bien décrites par l'anatomiste Roger Saban. Les recherches de l'anthropologue Anne Dambricourt-Malassé ont confirmé, dès 1987, que la spécificité humaine remonte au cours de l'embryogenèse au niveau de la bascule basi-occipitale, avant la différenciation cérébrale. L'existence d'un outillage intentionnellement façonné apporte la preuve évidente de la conscience, par conséquent de l'humanité. Mais peut-on faire appel à un critère de nature culturelle, aussi important soit-il, pour définir une espèce ou un genre zoologique ? Les premiers « outils » attribués à un Australopithèque voire à *Homo habilis* et datés de près de 2,5 millions d'années, apparaissent davantage comme un casse-tête pour les préhistoriens, que pour les préhistoriques !

Le volume du cerveau

Si les données de l'archéologie paléolithique renseignent sur certains aspects du comportement, des aptitudes mentales et des capacités techniques des Hommes préhistoriques, l'évolution biologique du cerveau n'est perceptible qu'à travers ce qui apparaît sur les moulages endocrâniens, recouverts de leurs enveloppes méningées. Ces moulages peuvent être naturels ou réalisés par remplissage de la cavité cérébrale. Ils permettent, dans le meilleur des cas, de déterminer le volume de l'encéphale, le développement relatif des lobes, la rotation et l'enroulement des vésicules, la vascularisation artério-veineuse méningée. La capacité crânienne se mesure sur la boîte crânienne par remplissage de la cavité, à l'aide de graines de moutarde, de millet ou de plomb de chasse par exemple, ou par l'estimation du volume du moulage intracrânien par immersion ou encore par des formules mathématiques, ce qui est plus pratique bien que moins précis.

La capacité crânienne n'offre pas une valeur significative en soi, car elle varie fortement dans une même population. Pour l'ensemble de l'humanité moderne, elle oscille entre 1000 et 2000 cm^3 autour d'une moyenne qui s'inscrit entre 1300 cm^3 chez la femme et 1450 cm^3 chez l'homme, fait qui démontre qu'elle n'a guère de signification dans les capacités intellectuelles ! Ce volume varie, dit-on, du simple au double chez des sujets intelligents. En fait, Anatole France avait un cerveau à peine supérieur en volume à celui de certains *Homo erectus* et deux fois moins volumineux que celui du poète britannique Lord Byron, ou du phrénologiste Gall dont la capacité crânienne atteignaient 2000 cm^3, sans oublier Descartes dont le cerveau était légèrement moins volumineux que la moyenne des hommes de Néandertal ! En revanche, la capacité crânienne a augmenté depuis les Australopihèques, l'*Homo erectus* et l'*Homo sapiens* (Fig. 24). Le seuil de la réflexion semble, d'après l'anthropologue H.V.Vallois se fixer dès 750-800 cm^3, ce qui est la valeur constatée chez *Homo habilis*, considéré comme l'artisan des premiers outils taillés, il y a 2,5 millions ans. C'est ce qu'il appela le « rubicon cérébral » !

Ce seuil augmente au cours de la croissance : il est supérieur au jeune chimpanzé et au nouveau-né humain actuel chez lesquels il se situe en moyenne au-dessous de 500 cm^3 pour atteindre 1000 cm^3 vers deux ans chez l'enfant humain, et aboutir au volume moyen de l'adulte au cours de l'adolescence.

Australopithèques < Homo habilis > Homo erectus
(500 cm^3) (750 cm^3) (1000 cm^3)

Ces premiers stades de l'humanité ont considérablement contribué au cheminement de notre culture technique concernant le débitage des outils de pierre, la domestication du feu, ainsi que notre constitution anatomique.

Plus significatif que la capacité crânienne absolue, on rapporte la capacité crânienne à la masse corporelle ou à la surface du corps. Ce rapport augmente d'une façon très nette, au cours de l'évolution paléontologique, mais pas au cours de la croissance où il diminue, du fait de l'augmentation de la masse et du volume corporels.

Le poids du cerveau est supérieur chez les gros animaux comme l'éléphant ou la baleine. Le cerveau est avant tout, un organe de longévité, puisque les animaux à gros cerveau vivent généralement plus vieux. Si l'on considère les femelles, le poids cérébral, inférieur en valeur absolue à celui des mâles, apparaît comparativement plus élevé par rapport au poids corporel. Il en va de même chez la femme.

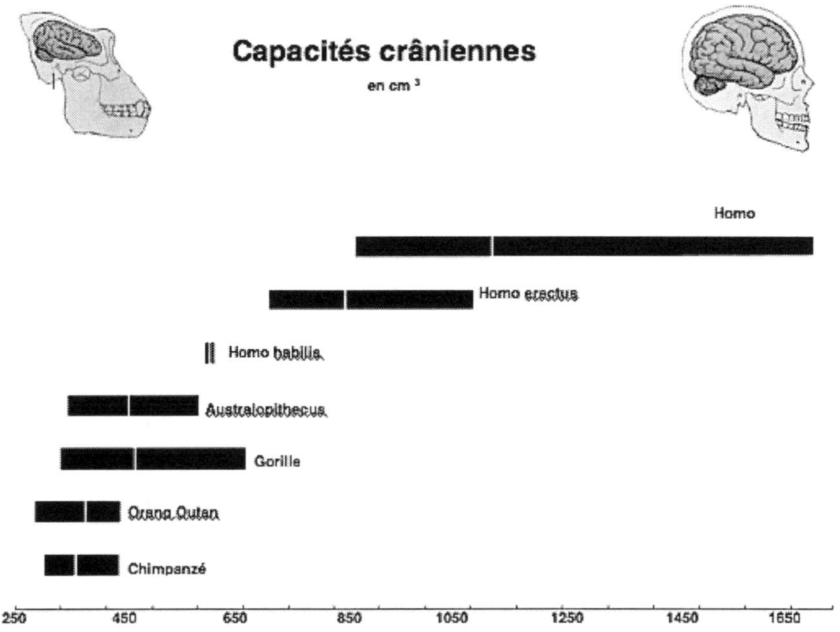

Fig. 24. Le volume du cerveau chez les Singes anthropoïdes et les Hominidés.

Chez les primates, la valeur relative la plus forte se rencontre chez l'une des espèces les plus petites, le ouistiti (Cebus).

En effet et en raison des différences entre le rythme de croissance du cerveau par rapport aux dimensions corporelles (allométrie cérébro-somatique), les espèces les plus petites sont proportionnellement pourvues d'un cerveau relativement plus volumineux par rapport à leur masse corporelle, même si les espèces les plus grandes ont le cerveau le plus grand en valeur absolue. Bien qu'il ne soit pas le plus volumineux du règne animal, le cerveau humain est proportionnellement trois fois plus gros que celui du gorille, le plus grand des primates, et six fois plus gros en moyenne que celui des mammifères de même poids.

Un constat comparable se retrouve avec la surface corporelle. En clair, au sein d'un même genre, les gros animaux ont une surface corporelle proportionnellement plus faible que les animaux petits. La surface de la peau est reliée au cerveau par des terminaisons nerveuses dont l'accroissement numérique exerce un effet positif sur le poids du cerveau, plus que ne le fait le poids corporel. On a été conduit à établir un coefficient de céphalisation qui s'écrit :

poids encéphale = K P x 0,67 où P est le poids corporel et K le coefficient de céphalisation et dont voici quelques valeurs :

Homo......... .	2,75		
Dauphin..........	2,30		
Chimpanzé.....	1,25	Eléphant.........	1,25
Cynocéphale...	0,80	Ours.............	0,80
Cynomorphes..	0,40	Chien...........	0,40
Platyrhiniens:	0,4-0,8		

Il existe une augmentation de ce coefficient chez les mammifères et les primates. Chez l'Homme, la valeur est la plus élevée en raison de l'hypertrophie cérébrale, liée pour une large part à la fonction manuelle, à l'acquisition d'un langage symbolique et au rôle de la face dans les relations sociales.

Une autre approche est employée par les paléo-anthropologues à partir de la longueur du fémur, faute, de connaître ou d'estimer la surface corporelle rapportée à la capacité crânienne. Il est possible d'estimer le coefficient de céphalisation (K) chez quelques sujets : *Australopithecus robustus*, chimpanzé (1,25), *Australopithecus africanus* (1,73), *Homo erectus* (2) qui s'inscrit entre les grands singes et *Homo sapiens*.

Les moulages réalisés dans la boîte crânienne, apportent des éléments indicatifs précieux pour le paléo-anthropologue, à savoir l'observation des empreintes que les artères et les veines ont laissé sur la surface osseuse. (Fig.25).

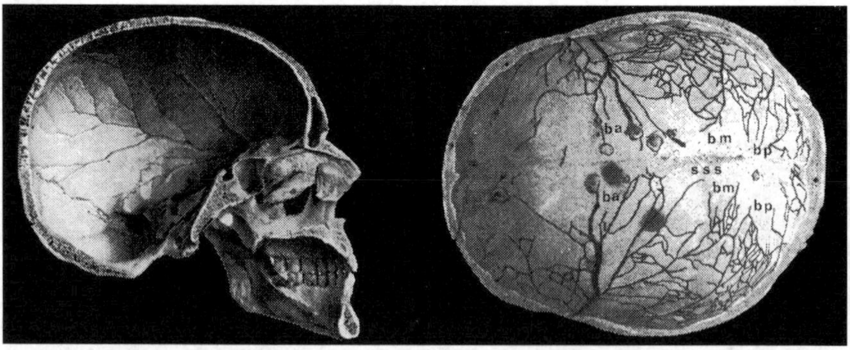

Fig 25. Coupe du crâne humain montrant le trajet des vaisseaux méningés. (Doc. Roger Saban).

La topographie du réseau vasculaire (veines et artères) des méninges, montre une complication progressive au cours de l'évolution des Primates et de la lignée humaine. L'examen du tracé des vaisseaux méningés, inscrit sur le moulage endocrânien et sur les parois des os de la voûte, met en évidence plusieurs types d'organisation répondant aux divers stades évolutifs.

Malgré ses capacités techniques concernant la taille des silex, les gravures et peintures mobilières ou pariétales, les innovations en matière des techniques de chasse, l'*Homo sapiens* du Paléolithique supérieur avait un cerveau comparable en volume au nôtre ainsi qu'à celui des Néandertaliens, voire à un certain nombre de fossiles plus anciens qui n'avaient pourtant pas atteint un tel degré d'aptitudes cognitives.

Les propriétés du cerveau humain

Le caractère majeur du cerveau humain réside dans ses propriétés et surtout dans ses fonctions, nettement plus complexes que celles des autres primates.

Sur le plan volumétrique et anatomique, l'évolution biologique du cerveau est parvenue à son terme bien avant l'apparition d'*Homo sapiens*. Nos hémisphères cérébraux semblent avoir achevé leur modelage et leur complexité il y a plus d'une centaine de milliers d'années. Chez les Primates qui ont précédé le stade de l'hominisation, l'évolution du cerveau était soumise à la transformation des patrimoines héréditaires à laquelle s'ajoutaient les forces de pression sélective. Avec *Homo*, apparaît une meilleure coordination motrice et sensorielle ainsi qu'un mode de transfert du patrimoine régi par l'environnement social, l'éducation, l'instruction et la culture, véhiculés par le langage et l'apprentissage. La croissance cérébrale s'est interrompue alors qu'augmentait une pression plus rapide que celle de l'évolution biologique, la pression socio-culturelle. L'absence de stimuli biologiques est donc apparue comme la raison principale s'opposant à un accroissement du volume cérébral, bien que le développement intellectuel ait représenté un intérêt fondamental pour la survie de l'humanité. Si les processus évolutifs, adaptatifs et sélectifs ont abouti à l'émergence des Hominidés, *Homo* quant à lui, résulte principalement des acquisitions que son cerveau lui a permis.

La formation du cerveau de l'Homme ou le support de l'intelligence

Le cerveau de l'Homme et des autres Vertébrés est formé de cinq vésicules embryonnaires dont la plus antérieure, appelée le télencéphale, s'hypertrophie chez les Primates, pour constituer les hémisphères cérébraux, un gauche et un droit. Le processus qui a conduit au développement du cerveau des Primates supérieurs, et de l'Homme en particulier, porte le nom de « télencéphalisation ». Du fait de son hypertrophie, le télencéphale recouvre les vésicules embryonnaires qui le précèdent à savoir le mésencéphale et une grande partie du métencéphale (cerveau moyen) ainsi que le rhombencéphale (cerveau postérieur) demeurés à un stade plus archaïque (Fig.26).

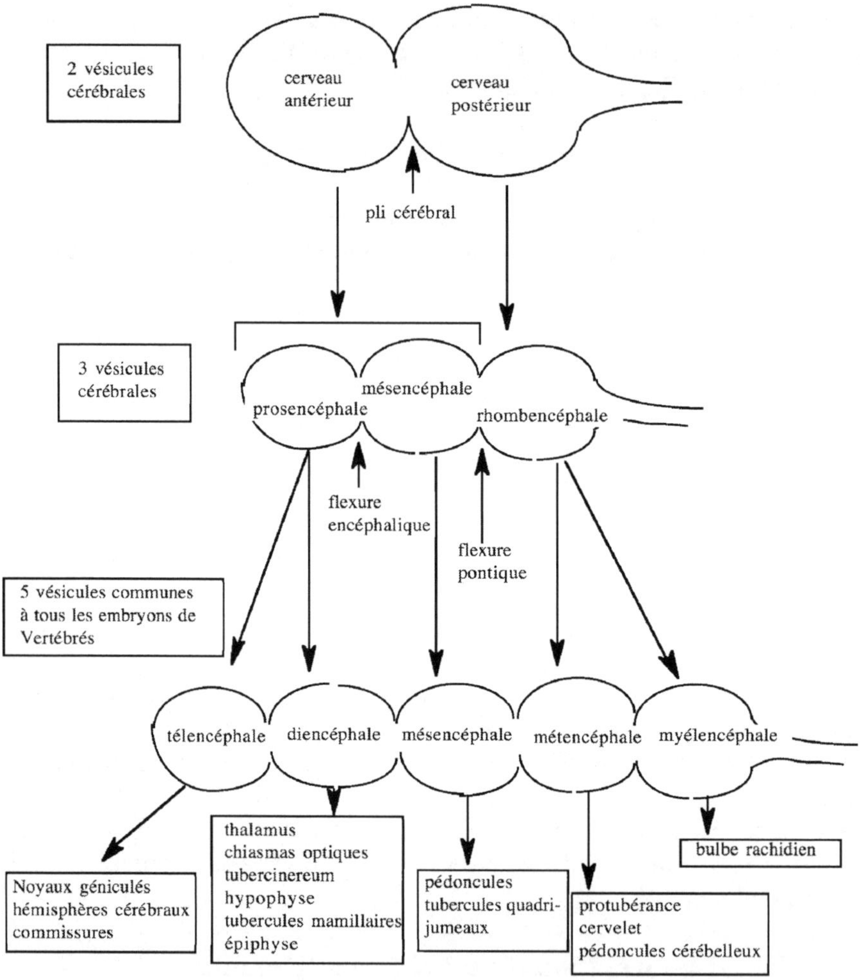

Fig.26. Les différentes étapes de l'évolution des vésicules cérébrales au cours du développement embryonnaire.

Au cours de l'évolution, la surface cérébrale ou cortex, formée par le corps des cellules nerveuses ou neurones, va s'épanouir dans une boîte crânienne devenue proportionnellement de plus en plus exiguë. Il en résulte un plissement ou « fissuration du cortex », en lobes et circonvolutions séparés par des plis de flexion, par des scissures ou des sillons. La fissuration augmente la surface du cortex par rapport au volume de l'encéphale car la boîte crânienne ne peut indéfiniment augmenter de volume, ce qui s'accompagne de l'augmentation du nombre des neurones : 64 % de la surface du cortex humain est cachée dans les replis, contre 7 % chez les singes primitifs.

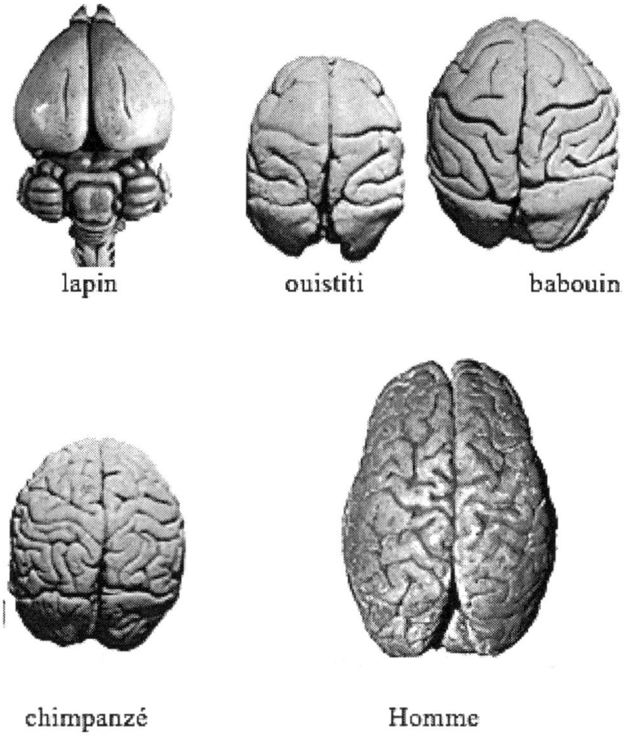

Fig. 27. Les hémisphères cérébraux et leur degré de fissuration.(Doc.pédagogique)

La formation des neurones s'effectue au cours de la vie embryonnaire et fœtale et se poursuit jusqu'à l'âge de deux ans. Leur multiplication au cours de la croissance est très rapide puisqu'elle atteint la cadence de 250.000 au moins par minute. Passées les deux premières années de la vie, les neurones cessent de se reproduire; leur nombre est fixé dans la vie de l'individu et ils disparaissent en principe sans être renouvelés. C'est normal car, si les cellules nerveuses continuaient de se reproduire pour remplacer les précédentes, nous perdrions alors les informations qui constituent les acquisitions de notre apprentissage. Il faudrait réapprendre perpétuellement un comportement et un langage qui dureraient ce que durent les cellules. La vie serait impossible. L'Homme ne serait qu'un «voyageur sans bagage» (P.P.Grassé). Il en va de même pour les voies nerveuses non exploitées, qui régressent.

Chez l'Homme, le cortex cérébral du fœtus à terme comprend au moins 9,2 milliards de neurones, certainement bien davantage encore, chacun ayant en moyenne 2000 relais synaptiques qui assurent les interférences entre les neurones. Chez l'adulte, le nombre atteint au minimum 13 milliards de neurones, formés à l'issue de 33 divisions successives, à partir d'un neuroblaste primitif, c'est-à-dire la cellule-mère du neurone.

Chez les nouveau-nés des singes anthropoïdes, on compte environ trois milliards de neurones, ce qui implique 31 divisions pour parvenir au nombre de l'adulte.

Deux divisions supplémentaires donneraient au gorille ou au chimpanzé le même nombre de cellules corticales que l'Homme. Il est bien entendu que cela est totalement théorique, et s'il existe entre les grands singes et nous quelques points de convergence ou des traits communs, il ne faut pas y voir le moindre indice d'une parenté quelconque. L'Homme possède 46 chromosomes, ce qui le différencie des singes anthropomorphes qui en comptent 48. Pourtant ce chiffre de 46 se retrouve chez un certain nombre d'espèces de primates. Le *Lemur variegatus*, le *Callithrix chrysolencos* et *jacus*, le *Leontocebus illigeri*, le *Callicebus cupreus* et le *Pan paniscus* ou Bonobo ont la même formule chromosomique que la nôtre et personne n'aurait l'idée de les assimiler à l'espèce humaine !

La formation du cerveau est très rapide au cours de la vie : à un an, il représente chez l'Homme la moitié du volume du cerveau adulte, soit 700 cm^3, c'est-à-dire le seuil que nous avons évoqué plus haut. La croissance est ensuite progressive jusqu'à l'âge de sept ans où 90 % du volume cérébral total est déjà atteint. (Fig. 28). Ce processus était plus rapide chez les prédécesseurs d'*Homo sapiens*, en raison d'une vitesse de croissance plus active que la nôtre (probablement chez *Homo erectus* et certainement chez les Hommes de Néandertal).

La disparition des neurones intervient très tôt au cours de la vie et affecte d'abord les neurones inutilisés, appelés neurones dormants, à un rythme qui croît avec l'âge, à savoir 10.000 par jour à 25 ans et 100.000 par jour à 40 ans. Lors de la sénescence, la réserve de neurones inutilisés tend à baisser, et les cellules portant une information sont alors détruites : c'est la perte de la mémoire qui s'installe et avec elle tous les effets irrémédiables de la vieillesse. Il n'y a aucun remède à cela.

Les neurones sont interconnectés par des relais, appelés synapses, qui assurent entre les diverses parties du cortex cérébral des relations plus complexes que celles de tous les ordinateurs.

Ces synapses permettent à l'Homme des possibilités exceptionnelles d'intégration dont dépendent notre pouvoir d'abstraction, notre faculté de créer et d'imaginer, notre aptitude à penser et à communiquer avec nos semblables, par un langage fait de mots et de symboles.

Si les neurones ne se multiplient pas durant la vie, en revanche de nouvelles synapses peuvent apparaître à mesure des besoins, comme ceux qui résultent de l'apprentissage, des relations socio-culturelles ou de l'environnement.

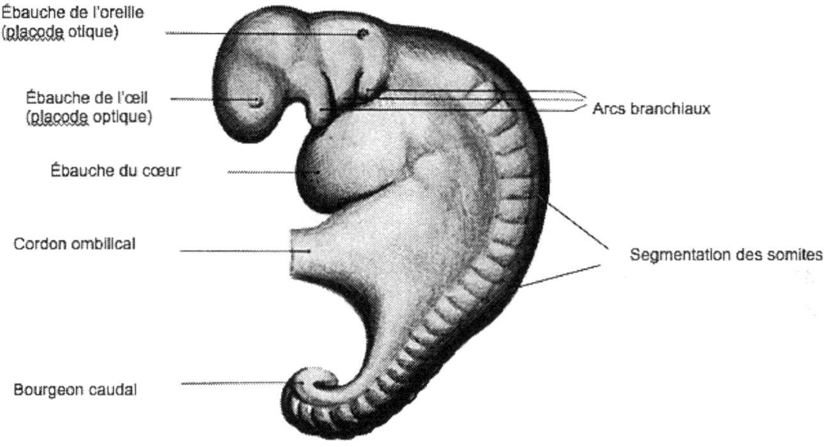

Embryon de 28 jours

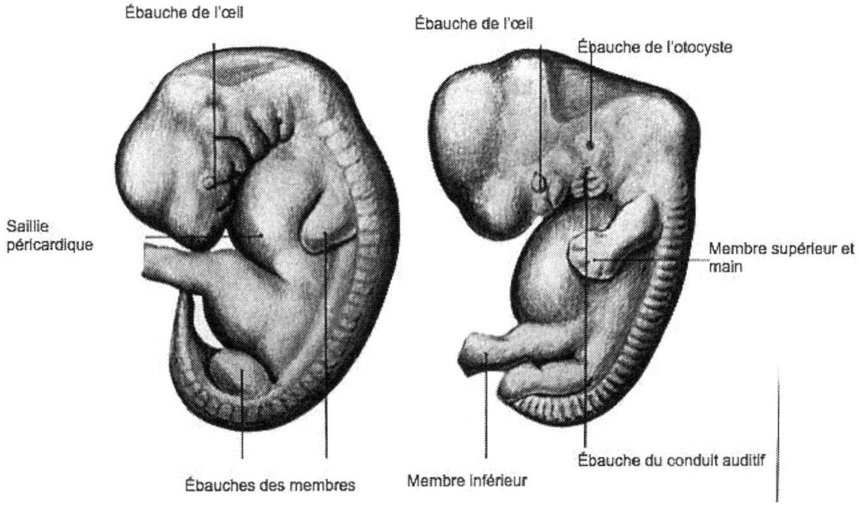

5 semaines **6 semaines**

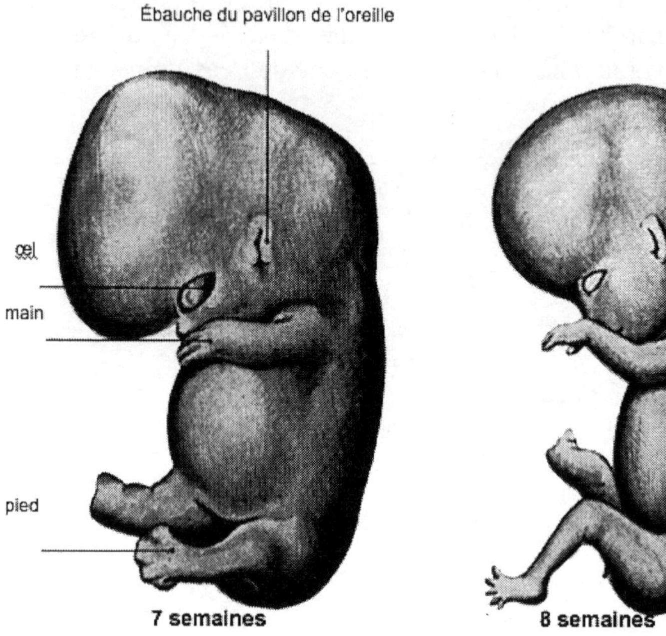

Fig. 28. Formation du cerveau chez l'embryon et le fœtus humain (Doc.pédagogique, modifié)

Autrement dit, plus le cerveau travaille, mieux il fonctionne, sans outrepasser toutefois les limites établies par l'hérédité car la trame nerveuse est, dans son ensemble, fixée génétiquement.

Dans l'espèce humaine, les synapses, peu nombreuses à la naissance, se mettent en place au cours des trois premières années. Les principaux relais sont formés à sept ans, mais leur maturation définitive s'achèvera vers onze ans. C'est alors qu'intervient la période dite de myélinisation des cylindraxes, au cours de laquelle les éléments constitutifs des nerfs vont s'isoler tel un blindage de fil électrique, par une gaine protectrice formée d'un lipide appelé myéline.

Dès cet âge qui correspond à peu près à la puberté, la formation du système nerveux central est achevée. Notre cerveau est capable de fonctionner pour le meilleur ou pour le pire.

Il ne reste à l'apprentissage de la vie qu'à faire le reste.

La topographie cérébrale ou le double cerveau de l'Homme

Les deux hémisphères cérébraux qui résultent de la bipartition du lobe embryonnaire du cerveau, appelé le télencéphale, ne sont pas rigoureusement identiques. L'hémisphère gauche l'emporte généralement par son volume et par son activité : c'est ce que l'on appelle la latéralité. Ce trait est caractéristique de l'Homme, amorcé partiellement chez les primates, il ne sera définitivement acquis qu'après l'âge de deux ans.

Les deux hémisphères ont aussi des fonctions différentes : le cerveau droit est plus spécialisé dans la reconnaissance des formes, l'intuition, la sensibilité ou la créativité. Le cerveau gauche fait davantage appel à la pensée rationnelle, analytique ou critique ; il est le siège du langage.

Chaque hémisphère comporte plusieurs lobes, séparés par des sillons ou scissures, qui renferment chacun des propriétés particulières:

Le lobe préfrontal est le siège de l'imagination et exerce un rôle certain dans le comportement. En raison de sa spécificité dans le sens du temporel, il synthétise la représentation du passé et de l'avenir, bases du raisonnement, de la prévision et de l'affectivité et de la personnalité. Il permet en outre le maintien de l'attention dans les conduites humaines. Le primate non humain n'est capable d'exercer son attention que durant 1/4 à 1/2 heure, capacité d'attention inférieure à celle des Carnivores, en raison du comportement de chasseur qui représente pour eux une nécessité vitale. Il en va de même chez *Homo*, pour qui la chasse a été l'une de ses premières activités : une attention soutenue est devenue rapidement un avantage sélectif pour la survie.

L'augmentation du lobe préfrontal au cours de la phylogenèse humaine, a atteint son degré optimal chez *Homo sapiens* comme l'atteste le redressement du front. Chez les mammifères primitifs, le lobe frontal est précédé par l'un des territoires les plus anciennement différenciés du cerveau, faisant partie de « l'archipallium » ou reliquat du cerveau primitif. Ce sont les bulbes olfactifs appelés lobes piriformes, séparés du néopallium par un sillon, le sulcus rhinal. Chez la plupart des Primates, la réduction de l'odorat par rapport aux autres mammifères terrestres dont l'odorat est prééminent, s'est accompagnée de la réduction de « l'archipallium », c'est-à-dire du cerveau primitif, du fait de l'adaptation à la vie arboricole. Celui-ci a pris place désormais sous les hémisphères cérébraux. Il en résulte une augmentation des autres sens, notamment de ceux contrôlés par le néopallium, ce qui s'accompagne de la descente du sulcus rhinal.

La base de la première circonvolution frontale, appelée aire de Broca, est le siège de l'émission des sons articulés. Son développement est propre au genre humain. Elle s'accompagne par l'extension du lobe pariétal et par le développement de l'aire de Wernicke, qui est le centre sensoriel du langage au carrefour des aires visuelle et auditive. L'extension de ces deux zones résulte de la flexion de la base du crâne qui a pour effet de comprimer l'ouverture de la « scissure de Sylvius », sillon qui sépare le lobe frontal du lobe temporal, et d'invaginer le « lobe de l'insula », normalement visible chez les primates non humains, mais qui n'est accessible chez l'Homme qu'en écartant les deux lèvres de la scissure de Sylvius.

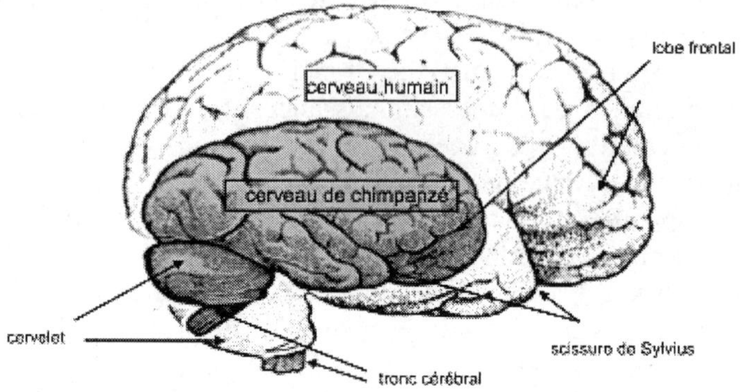

Fig. 29. Comparaison du cerveau humain et du singe anthropoïde.

Le lobe pariétal, moins spécialisé que le lobe frontal, joue un rôle primordial dans les réflexes conditionnés et les activités automatiques acquises durant l'enfance. Par sa localisation, il représente une zone de connexions des aires de l'audition, du toucher et de la vue, soit une partie essentielle du cortex d'association et intéresse la plus grande partie des zones du langage (aire de Wernicke).

Au cours de la phylogenèse humaine, le lobe pariétal a fait l'objet d'une augmentation remarquable, en relation avec l'expansion des os pariétaux qui le recouvrent, la flexion de la base du crâne, la bascule de l'occipital en bas et en arrière et la projection de l'os frontal qui va surmonter le massif facial, contribuant ainsi à la réalisation de la forme du crâne humain.

Le développement des lobes préfrontal et pariétal, auquel s'ajoute le thalamus et le corps calleux qui assurent la connexion entre les deux hémisphères, a dépassé, au cours des dernières phases de l'évolution des Hominidés, celle des autres parties du cortex.

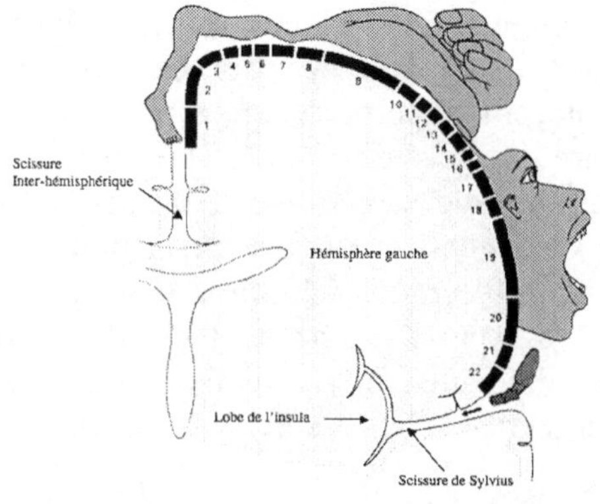

Fig 30. Homonculus (Penfield et Rassmusen modifié).

L'augmentation des connexions intra- et inter-hémisphériques a ouvert de nouvelles possibilités d'intégration.

Le lobe temporal correspond au cortex auditif. S'il augmente de volume et de surface avec les Primates, c'est en tant que zone d'association d'analyse et de mémorisation. Dans le genre humain, il joue en revanche un rôle important dans la mémoire car il intervient dans les fonctions intellectuelles.

Le lobe occipital constitue le cortex visuel. Chez tous les Primates, même les Prosimiens, il est considérablement étendu. Le cortex visuel est séparé du reste des hémisphères par un sillon, le *sulcus lunatus*. Chez *Homo*, le développement des autres régions cérébrales a entraîné la descente du cortex visuel et la disparition du *sulcus lunatus*.

Le cervelet provient du métencéphale et exerce une fonction dans la régulation musculaire et dans l'équilibre du corps. Son grand développement et sa fissuration complexe chez les Primates a permis une coordination motrice, indispensable à leur adaptation à l'environnement forestier. Cela a été profitable par contrecoup à l'Homme dans la mesure où une telle coordination a permis l'acquisition de la bipédie et le contrôle moteur qui a atteint son degré de précision optimal dans la manipulation.

Les études craniométriques et anatomiques des Hominidés fossiles ont montré que la répartition des lobes et des circonvolutions du cerveau s'est modifiée au cours de l'évolution de la boîte crânienne, depuis les premiers stades de l'humanité. En revanche les actions réciproques du contenu et du contenant n'ont pas été clairement établies. Est-ce le cerveau qui modèle le crâne ou l'inverse ? Y a t-il une autre cause plus profonde qui expliquerait les deux autres ? Chacune de ces thèses ont leurs défenseurs et leurs arguments. (Fig. 31).

- Action morphogénique du cerveau sur le crâne : le cerveau conditionne la forme et le développement du crâne. Il a été montré que la différenciation de l'encéphale est plus précoce que celle des os de la voûte au cours du développement embryonnaire. D'autre part, plusieurs traits fondamentaux de l'architecture crânienne demeurent sous la dépendance des organes des sens (vision, olfaction). L'encéphale peut donc exercer une action morphogénique pendant les premiers stades de la vie intra-utérine, en modelant la forme de la boîte crânienne embryonnaire. L'hydrocéphalie expérimentale provoquée chez le jeune rat montre également une influence du cerveau sur le crâne cérébral : à faible dose d'injection, la voûte crânienne est plus convexe que celle des sujets-témoins et subit une rotation vers le bas et l'arrière. En revanche à dose plus élevée, il se forme une hydrocéphalie rapide avec arrondissement de la boîte crânienne, fait qui plaide en faveur de l'influence de la pression intérieure sur la forme du crâne.

Une constatation comparable vient également à l'appui de cette conception, c'est celle des anencéphales, monstres dépourvus au stade fœtal de voûte crânienne, et chez lesquels le cerveau proprement dit n'existe pas. Chez les microcéphales, le retard ou l'absence de développement cérébral a donné lieu à la formation d'une boîte crânienne dont le volume à l'âge de 20 ans est tout juste comparable à celui d'un nouveau-né normal (moins de 400 cm^3).

- Action morphogénique du crâne sur le cerveau.

Le crâne est particulièrement malléable, notamment dans les premières années de la vie.

Chez le tout jeune enfant, la pratique de déformations intentionnelles du crâne ou l'existence de modifications pathologiques ou résultant de la variation normale des os de la voûte (trigonocéphalie, plagiocéphalie, scaphocéphalie, acrocéphalie), se traduit par des modifications particulièrement nettes de la forme du crâne cérébral et de l'encéphale.

Chez les quadrupèdes amputés du membre antérieur, on constate l'accentuation de structures qui ne sont plus typiquement quadrupèdes mais plutôt bipèdes comme la rotation de l'arrière-crâne et le changement concomitant de la forme du cerveau.

Le redressement corporel s'accompagne de l'allongement du membre postérieur ; il en résulte le redressement de la colonne vertébrale, la sphérisation du crâne par déplacement vers le bas et en avant du trou occipital par où sort le tronc nerveux de la colonne vertébrale, et par conséquent le développement des hémisphères cérébraux.

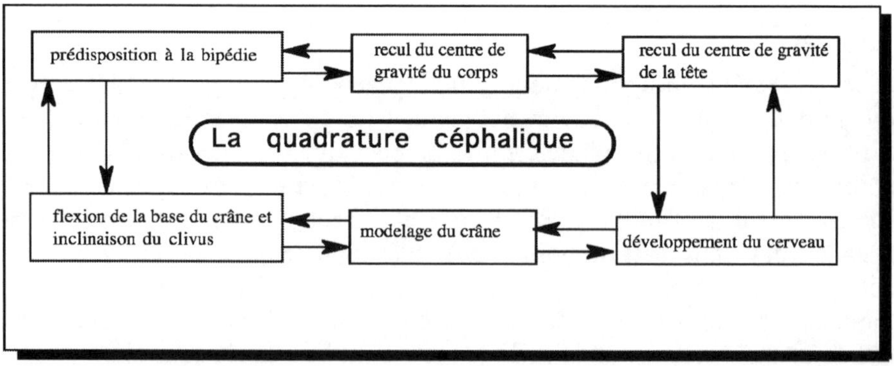

Fig. 31. La quadrature céphalique.

- Rôle de l'induction basi-crânienne.

Une autre conception moins mécaniste semble toutefois s'imposer dans la mesure où l'embryologie comparée des Primates confirme le retard de la différenciation du tube neural (dont les hémisphères cérébraux constituent la partie la plus antérieure) par rapport à la base du crâne. Celle-ci est d'origine cartilagineuse et non pas membraneuse comme les os de la voûte. Très tôt au cours de la vie embryonnaire, l'Homme se distingue par une forte flexion au niveau de la scissure occipito-ethmoïdale entraînant de ce fait la bascule du plancher crânien (le clivus) et induisant ainsi le développement cérébral. Le redressement corporel et la bipédie peuvent ainsi être assurés lorsque les conditions bio-mécaniques et écologiques de leur mise en place sont réunies. Ce processus fait donc appel avant toute chose à l'induction du cerveau à partir de la base du crâne qui s'avère être déterminante. Nous retrouvons par conséquent le rôle fondamental de la flexion de la base du crâne sur le développement du cerveau et le redressement corporel.

« Le cerveau humain n'est pas une erreur de l'évolution :il en est la plus éclatante réussite » (P.P.Grassé).

VII

L'ALLONGEMENT DE L'ENFANCE : UN ATOUT POUR L'APPARITION DE L'HOMME

L'évolution est constituée par une suite d'événements dont chacun a conservé en partie le contenu enraciné en cours du stade précédant, tel le scénario d'une intrigue qui ne peut se comprendre que si l'on prend soin d'en connaître les linéaments.

Les modifications qui affectent les étapes de l'évolution d'une espèce, ne pourraient se manifester si le temps demeurait invariable. L'ontogenèse, (c'est-à-dire le développement individuel au cours de la vie), varie selon les espèces et les familles. Une croissance rapide fait réapparaître des traits désignés comme « archaïques » (on dit aussi « plésiomorphes »), parfois trop hâtivement qualifiés de « primitifs », qu'une croissance plus lente aurait effacés. A l'inverse, un temps de croissance plus long, comme c'est le cas chez *Homo sapiens*, donne lieu à une ressemblance avec la forme jeune (pédomorphose) intéressant certains organes ou proportions comme le grand volume du crâne cérébral, (neurocrâne) par rapport au crâne facial. Dans certains cas, la lenteur du développement est telle que l'animal ne parvient pas à l'état adulte : c'est ce que l'anatomiste Bolk appelait la néoténie état selon lequel l'individu demeure toute sa vie au stade larvaire, bien qu'il soit capable de reproduction sexuée. Les cas de deux amphibiens, l'Axolotl du Mexique, état larvaire de l'amblystome, et le Protée des cavernes profondes de Slovénie, en constituent des exemples classiques.

S'il existe dans l'humanité actuelle de nombreux cas illustrant cette différence dans la vitesse de croissance de certaines organes (hétérochronie), c'est l'Ordre des primates qui en fournit les exemples les plus démonstratifs. Leur évolution s'accompagne de l'allongement de toutes les périodes formatives, depuis la durée de la gestation jusqu'à l'adolescence, ainsi que d'une augmentation de l'espérance de vie variant de 18 ans (Lémur) à 40 ans (Chimpanzé). Cet âge n'est dépassé chez les Hommes fossiles que depuis peu de temps.

Dans l'espèce humaine un tel degré n'est jamais atteint. Néanmoins, dans le cas d'une croissance rapide induite par certains facteurs biologiques, sociaux, écologiques, psychologiques ou culturels et par l'intermédiaire de l'hypothalamus et du système endocrinien, plus spécialement de l'hypophyse, l'individu atteint la puberté, soit l'aptitude à procréer, bien avant l'achèvement de sa croissance squelettique. Ce n'est pas le cas chez les singes anthropoïdes.

Les êtres vivants n'ont pas le même rythme de croissance. Ce fait a été reconnu depuis longtemps. Haeckel, l'un des plus illustres successeurs de Darwin, avait formulé une loi « biogénétique » qui s'illustra par une formule explicite telle que « l'ontogenèse récapitule la phylogenèse ». Cela signifie que les diverses étapes du développement individuel d'une espèce résument en quelque sorte ses principales phases évolutives, inscrites sur ses chromosomes et dans l'ADN.

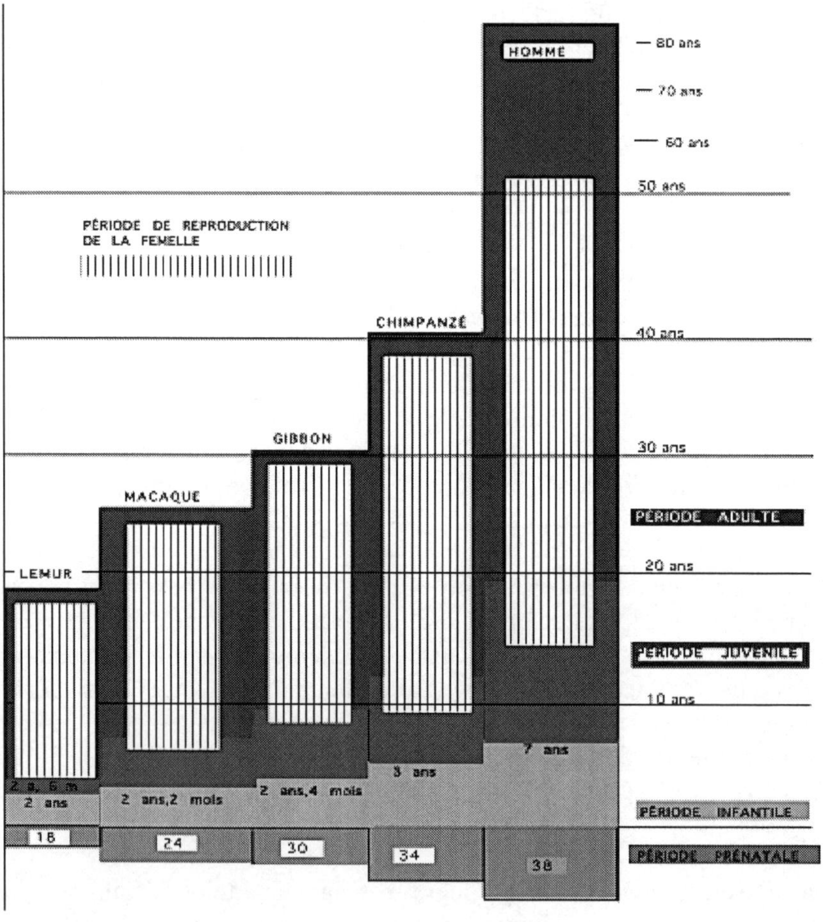

Fig.32. Les divers stades de la croissance chez l'homme et les primates.(d'après Schultz, modifié)

Chez les Hominidés, les phases de la vie sont plus allongées, ce qui permet de penser que le temps de la croissance s'est ralenti avec l'ordre d'apparition des espèces ou des grands niveaux d'organisation. Le jeune enfant est plus gros à la naissance que le jeune chimpanzé et, malgré une certaine ressemblance avec son lointain cousin anthropoïde, il offre un cerveau plus gros, une face moins volumineuse, des membres antérieurs et des doigts plus courts par rapport à l'ensemble du corps et à la main. Ces traits sont déjà caractéristiques de notre espèce, comme la flexion de la base du crâne, qui s'accuseront d'autant plus vite que le jeune chimpanzé offre un rythme de croissance très rapide par rapport à l'enfant humain. En effet, la croissance intervient quatre semaines plus tard dans l'espèce humaine : six mois sont nécessaires au nouveau-né pour doubler son poids alors que quatre mois suffisent chez le jeune anthropoïde. Ceci se retrouve même dans le comportement. De tout jeunes enfants mis en relation étroite avec de très jeunes chimpanzés de moins de 2 ans manifestent des activités ludiques comparables qui ne permettent pratiquement pas de les distinguer. Le comportement du petit singe change dès l'âge de 2 ans alors que le petit enfant se retrouve désormais isolé de son « petit copain » qui ne participe déjà plus à ses jeux.

La conséquence d'un tel fait biologique s'exprime chez l'Homme par une allométrie cérébrale positive, grâce à laquelle le développement du cerveau des premiers Hominidés a été proportionnellement plus important que le reste du corps. Cette allométrie cérébro-somatique (différence du rythme de croissance entre le cerveau et le reste du corps) revêt une signification essentielle dans la genèse humaine puisqu'elle repose sur un nombre plus élevé de divisions cellulaires et par conséquent de neurones, sur le développement de nombreuses synapses, et par conséquent sur la période d'apprentissage. On peut aisément inverser cette évidence biologique en rappelant que le développement corporel de l'Homme et sa maturité osseuse ont manifesté dès le début de notre histoire paléontologique un retard notable par rapport aux autres primates. Il s'agit donc là d'un fait capital puisque ce retard apparaît comme la condition biologique essentielle à tout progrès mental, technique et culturel. Sans un tel allongement de la période formative du jeune, les diverses phases de l'hominisation qui passent autant par l'apprentissage, le langage et la culture n'auraient certainement jamais pu être franchies.

L'évolution endocrinienne de l'humanité est-elle une explication possible ?

Il convient dès lors de nous poser une question : est-ce que cette augmentation progressive de la durée de formation de l'individu, telle qu'on l'observe chez les primates, s'est poursuivie au sein de la famille des Hominidés ?

Répondre à une telle question serait déjà résoudre en partie les causes de notre évolution, mais cela implique au préalable la connaissance exhaustive des formes embryonnaires, fœtales, néonatales et juvéniles des Hommes fossiles au cours des périodes paléontologiques successives. Or ce n'est pas le cas. On sait combien fragiles sont les restes d'enfants dont la destruction quasi-générale ne permet guère la conservation de squelettes complets, mais tout au plus d'éléments isolés, dont l'âge individuel ne peut être déterminé de façon précise faute de disposer de squelettes permettant d'estimer l'âge par le stade d'ossification des os et le degré d'éruption dentaire. C'est une des raisons pour lesquelles, l'étude des enfants fossiles a été parfois négligée.

Il faut attendre la dernière période glaciaire (glaciation de Würm en Europe) entre 90.000 et 38.000 ans, pour que les premiers restes d'enfants sur lesquels une étude plus complète ait pu être entreprise. C'est le cas des gisements de Kafzeh en Israël, de Shanidar en Iraq et des Néandertaliens de l'Ouest de l'Eurasie entre autres. Les restes néandertaliens découverts à La Ferrassie en Périgord sont un exemple particulièrement instructif car le gisement contenait des dépôts archéologiques correspondant à 30.000 ans de préhistoire. Ce gisement s'illustra en effet entre 1909 et 1921, puis en 1973, par la découverte de 8 squelettes néandertaliens bien conservés provenant du même niveau archéologique moustérien, et correspondant à une occupation d'une durée relativement brève. Ce site fut non seulement un lieu d'habitat, mais aussi un lieu d'inhumation intentionnelle car les Néandertaliens enterraient dans quelques cas leurs défunts, ce qui valut pour ces derniers une conservation relativement plus complète.

Cette véritable petite population d'Hommes de Néandertal comporte les squelettes d'un homme (45 ans), d'une femme (30-35 ans) et de 6 enfants (fœtus de 7 mois, deux nouveau-nés, un enfant de 23 mois maximum, un de 3 ans et un autre de 10 ans). La disposition des corps et l'aménagement du sol de l'abri conduisent à supposer qu'il pouvait s'agir d'une inhumation familiale. Quels que soient la nature de cette inhumation et les liens de parenté existant entre les sujets, il n'en reste pas moins qu'on se trouve à La Ferrassie en présence d'un fait exceptionnel en Paléontologie humaine, à savoir un ensemble de restes fossiles bien datés chronologiquement et dont les âges se succèdent depuis la vie fœtale jusqu'au stade adulte.

L'étude des enfants néandertaliens, qui représentent en quantité de restes osseux environ la moitié du nombre de sujets identifiés de cette forme humaine fossile, fait apparaître deux points essentiels qui dépendent d'ailleurs étroitement l'un de l'autre : la précocité d'apparition d'un certain nombre de caractères typiques du groupe et la rapidité de l'ossification et de la dentition comparativement aux enfants actuels. Ces deux points traduisent un mode particulier de développement individuel qui apparaît comme étant l'une des causes principales des différences opposant les Néandertaliens, et probablement aussi les *Homo erectus* plus anciens, à l'*Homo sapiens*. C'est ainsi que les Hommes de Néandertal pourraient nous apporter une clé pour mieux comprendre les processus de notre évolution.

Les Hommes de Néandertal présentent très tôt au cours de la vie chez le fœtus et le nouveau-né un épaississement sus-orbitaire marqué préfigurant le futur bourrelet sus-orbitaire (torus) caractéristique des formes adultes. La présence très précoce de ce bourrelet ne peut de toute évidence être considérée comme la conséquence d'une action mécanique liée à la mastication comme on l'avait parfois supposé à tort. Elle est bien la preuve de la persistance d'un caractère archaïque hérité des ancêtres des Néandertaliens avant la glaciation würmienne, et présent durant toute l'histoire paléontologique de la lignée. Sous l'effet de la poussée encéphalique, le frontal du jeune Néandertalien va s'arrondir de telle sorte que le bourrelet va s'effacer au cours des premières années de la vie. A ce moment, les différences avec l'enfant moderne s'estompent bien que le bourrelet soit toujours présent dans leur patrimoine génétique. A la fin de la seconde enfance, qui peut correspondre probablement au début de la puberté, la poussée dentaire et la mise en place des premières cavités sinusales qui gonfleront cette partie du crâne, le bourrelet sus-orbitaire réapparaîtra en donnant au crâne néandertalien son aspect typique. Le développement des sinus sus-orbitaires s'inscrit dans l'augmentation du volume des cavités crâniennes et faciales (pneumatisation) des Néandertaliens et des derniers *Homo erectus*. Ce processus de pneumatisation, qui concerne en outre les sinus maxillaires, les cavités orbitaires et les fosses nasales, est lié à un phénomène sélectif permettant l'allègement de la partie antérieure de la tête osseuse dans le but de maintenir le centre de gravité céphalique le plus près possible de l'axe de gravité du corps, en assurant ainsi la stabilité mécanique de la tête (Fig.33).

La vitesse de l'ossification des jeunes Néandertaliens permet d'expliquer également la persistance du bourrelet transverse de l'occipital siégeant à la zone de démarcation entre la partie inférieure (nucale) d'origine cartilagineuse, sur laquelle s'insèrent les muscles de la nuque, et la partie d'origine membraneuse de l'écaille occipitale qui se situe sous le cuir chevelu et relève de la voûte crânienne.

Un tel décalage est présent chez le fœtus moderne durant une courte période et disparaît avant la naissance. La croissance plus rapide de l'os de membrane chez le jeune Néandertalien, et surtout chez *Homo erectus*, explique le maintien de ce décalage qui devient le bourrelet occipital de l'adulte et qui correspond à la différence de niveau entre les deux parties embryologiquement différentes de l'occipital. Ce décalage n'est pas la conséquence, comme on l'a cru jadis, de l'existence d'une forte extension musculaire nucale en rapport avec un redressement corporel incomplet.

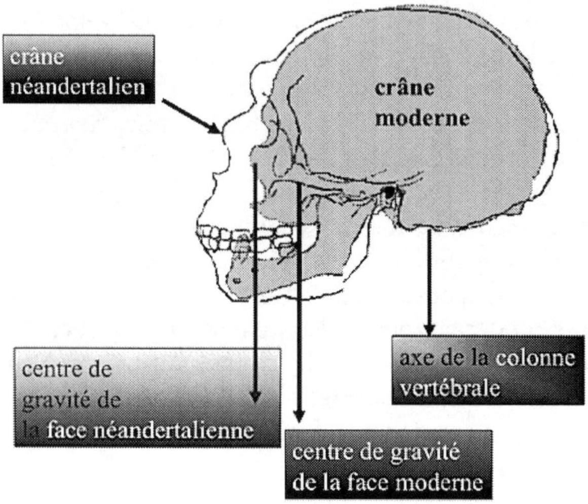

Fig 33. Le centre de gravité de la tête osseuse chez le Néandertalien et l'Homme moderne.

Cette différence du rythme de croissance (hétérochronie) explique également certains caractères opposant Néandertaliens et Hommes modernes. Chez l'enfant *sapiens*, l'occipital croît régulièrement en largeur et en hauteur durant les premières années de l'enfance avec une légère prédominance de la croissance transversale par rapport à la hauteur de l'os. A 5 ans et demi, l'occipital atteint 90,6 % de sa hauteur et 95,5 % de sa largeur définitives, ces différences étant rattrapées ensuite par une poussée de croissance transversale plus lente ce qui élève proportionnellement la hauteur de l'os. Chez le jeune Néandertalien, le processus est différent. La croissance est tout d'abord très rapide et l'os atteint sa hauteur définitive à un stade nettement plus précoce que chez nous. Le processus d'élévation de l'écaille se ralentit ensuite et, en fin de compte, sa hauteur demeure inférieure à celle d'*Homo sapiens* adulte. En revanche, l'accroissement transversal poursuit un rythme de croissance moins rapide pour atteindre vers 9-10 ans les mêmes proportions par rapport à l'adulte que celles de l'enfant moderne de 5 ans et demi.

Cette précocité de l'ossification du jeune Néandertalien se confirme également par la fermeture plus précoce des fontanelles et de certaines sutures de l'occipital. La *sutura mendosa* qui sépare la partie membraneuse de l'occipital de la partie nucale d'origine cartilagineuse comme le reste de la base du crâne, se soude normalement autour de 4 ans chez l'enfant actuel. Or l'occipital du dernier enfant découvert à La Ferrassie (La Ferrassie 8) dont l'âge a été estimé par l'observation dentaire à moins de 2 ans, ne possède plus de trace de soudure de cette suture. C'est bien une des preuves qu'elle se soudait prématurément par rapport à l'enfant moderne. Il en est de même pour une autre suture en arrière du trou occipital, la synchondrose intra-occipitale postérieure qui est déjà soudée chez le jeune néandertalien alors qu'il faut attendre au moins 3 ans chez l'enfant actuel.

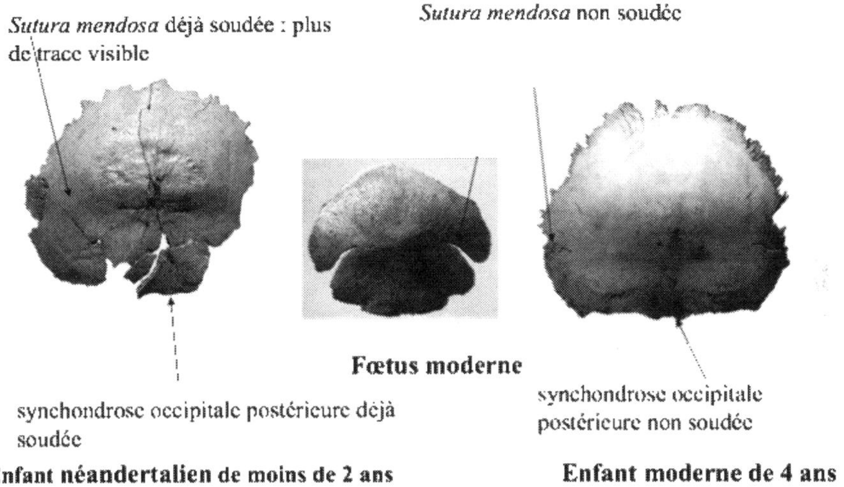

Fig. 34.Ossification de l'occipital chez le Néandertalien et l'Homme moderne. (doc. J-L Heim).

En fin de compte, le crâne du Néandertalien se développe davantage transversalement que dans le sens de la hauteur d'où l'aspect arrondi du contour transversal de l'arrière crâne et la forme générale de la boîte crânienne qui caractérisent le stade adulte.

En ce qui concerne le massif facial, nous retrouvons chez le jeune Néandertalien des proportions volumétriques élevées par rapport à l'enfant moderne, ce qui traduit une croissance plus rapide des os de la face par rapport à l'enfant moderne et ceci dès le plus jeune âge. Fig. 35).

Ce mode d'ossification de l'enfant fossile permet d'expliquer d'autres traits typiques du groupe comme la courbure prononcée du radius et la forte inclinaison de la petite cavité articulaire avec le cubitus.

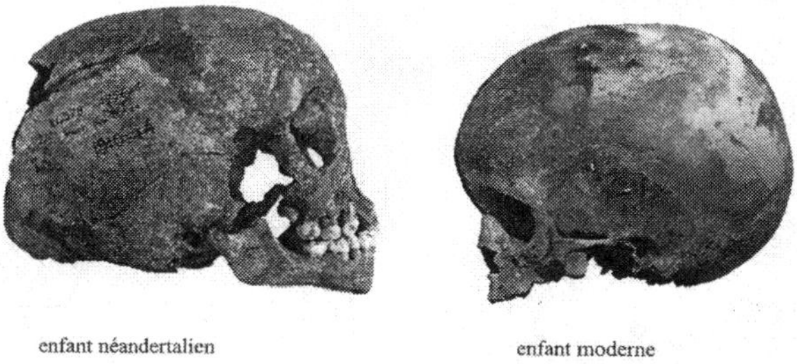

Fig. 35. Crâne de l'enfant néandertalien comparé à l'enfant moderne.

Selon les anthropologues espagnols, le pelvis de la Cima de Los Huesos du site d'Atapuerca en Espagne, daté d'au moins 300.000 ans, montre que les populations de cette région, bien antérieures de 200.000 ans à l'apparition des Hommes de Néandertal proprement dits, étaient plus gros et plus trapus en moyenne que les Hommes actuels, bien que leur cerveau fut légèrement moins volumineux. Ceci conduit à penser, selon leurs conclusions, que leurs nouveau-nés pouvaient déjà présenter un volume cérébral relativement plus volumineux que celui des nouveau-nés modernes, ce qui implique la précocité du développement de leur cerveau au cours de la gestation, et par conséquent une période d'apprentissage plus réduite n'autorisant pas toutes les capacités cognitives, qu'un développement plus long, comme c'est le cas chez *Homo sapiens*, aurait permis.

De même, les proportions corporelles et notamment la faible longueur de la jambe et de l'avant-bras par rapport à la cuisse et au bras, déjà ébauchées dès les premières années de la vie du jeune Néandertalien, se conservent dans le stade adulte.

Une question fondamentale s'impose dès à présent, à savoir la nature de la cause et la valeur sélective de la maturation plus rapide du squelette des Hommes qui précédèrent l'avènement d'*Homo sapiens*. Il s'agit en effet d'un problème capital pour expliquer en partie les mécanismes qui ont conduit au processus évolutif des Hominidés, puisqu'il sous-entend le pourquoi de la prolongation de la durée de notre croissance par rapport aux Hominidés plus anciens.

La croissance et la maturation osseuses dépendent à la fois du milieu et de l'hérédité. Si les Néandertaliens et *Homo erectus* n'ont, pas plus que nous-mêmes, échappé à cette règle, il reste à savoir lequel de ces deux facteurs apparaît le plus clairement, sur la base de restes osseux, dans l'acquisition des principaux caractères de chaque groupe. Il est un fait bien connu que l'action d'un milieu défavorable, qu'il soit climatique, alimentaire, démographique, social ou parfois même affectif, entraîne le retard de l'ossification et le ralentissement de la croissance sans altérer pour autant chez l'adulte la forme corporelle. Avec une croissance plus rapide que la nôtre, les Hommes de Néandertal semblent avoir présenté une adaptation particulièrement bonne à leur milieu. Nous savons en effet qu'ils ont conservé durant plus de 80.000 ans de leur histoire paléontologique une étonnante constance anatomique malgré les variations très sensibles du milieu, du climat et de leurs zones d'habitat qui couvraient une grande partie de l'Europe jusqu'au Moyen-Orient. Aussi, la présence de certains particularités physiques comme le volume important du thorax et des cavités sinusales de la face, lesquels indiquent chez les Hommes actuels une adaptation au froid ou à l'altitude, ne semblent guère avoir exercé ce rôle thermorégulateur chez les Hommes de Néandertal dont l'état des os n'indique par ailleurs aucun indice de déficience nutritionnelle.

C'est donc au cours du développement de l'individu et de la croissance qu'il faut rechercher l'origine de l'ossification plus rapide qui semble avoir modelé la morphologie particulière des Hommes de Néandertal, et probablement même celle de leurs prédécesseurs. Une organisation physiologique quelque peu différente de la nôtre a pu exercer chez eux une action particulière par l'intermédiaire de l'hypophyse ou de l'hypothalamus, porte ouverte à une multitude de facteurs ayant pour effet la libération plus ou moins précoce de l'hormone de croissance. Admettre cette hypothèse, c'est déjà supposer une origine physiologique de notre évolution, et par cela même tenter de proposer une explication possible à l'apparition de l'Homme moderne.

L'hypophyse est une glande endocrine située à la base du crâne dans une petite cuvette osseuse de l'os sphénoïde, la selle turcique. Cette glande, et plus particulièrement sa partie antérieure, l'anté-hypophyse, exerce un rôle fondamental dans notre organisme car elle assure une fonction régulatrice de toutes les glandes endocrines par la production d'hormones notamment l'hormone somatotrope, facteur de croissance qui stimule les divisions cellulaires. Chacune de nos cellules est en effet limitée à un nombre de 70 divisions (mitoses) dont 20 servent au remplacement des cellules usées par le métabolisme. Ce sont les cellules souche. A la fin de la maturation osseuse vers l'âge de 30 ans tout au plus, l'hypophyse cesse de produire l'hormone somatotrope dans les conditions normales. L'hyper-sécrétion de cette hormone, ou la poursuite de sa production au delà de la période normale, peut dans certains cas provoquer de graves désordre dans notre santé comme la prédisposition aux infarctus et aux hémiplégies, à la sclérose en plaque, à la maladie d'Alzheimer, au gigantisme ou à l'acromégalie qui résulte du développement d'un adénome à cellules éosinophiles. Dans les cas qui n'entraînent pas de conséquences pathologiques, elle agit sur les processus de maturation du squelette en accélérant la croissance et en provoquant la précocité de la puberté. Certains traitements thérapeutiques pratiqués chez des enfants présentant un retard de croissance ont fait appel à cette hormone pour accélérer leur croissance. Cela n'a pas été un succès, loin s'en faut.
En revanche, les populations fossiles qui précédèrent l'apparition d'*Homo sapiens* n'obéissaient pas nécessairement aux mêmes règles physiologiques que nous. Le temps de croissance et la période de maturation du squelette semblent avoir été différents de l'Homme moderne. Les hormones sexuelles par exemple pouvaient ne pas faire apparaître les mêmes conséquences sur la morphologie du squelette, pas plus que l'adaptation climatique ou l'effet de la thermorégulation. Toutes ces conséquences sont régies, on vient de le rappeler, par l'action plus ou moins rapide de l'hormone hypophysaire.

Les Hommes de Néandertal, qui représentent des derniers hommes fossiles de notre histoire paléontologique, et qui ont disparu peu avant l'apparition d'*Homo sapiens* proprement dit, constituent un exemple particulièrement précieux pour évaluer le rôle de l'action hormonale sur le déroulement de notre évolution. On peut citer par exemple la forme de l'ouverture nasale qui varie chez les Hommes actuels en fonction des conditions climatiques pour assurer, par le rôle thermorégulateur des fosses nasales, la constance de la température et de l'humidité de l'air inspiré. Dans un climat très sec ou très froid, l'air inspiré doit parvenir dans les poumons avec le même degré de température et d'hygrométrie compatibles avec la vie, qu'un air chargé d'humidité et d'une température élevée. Ce sont les fosses nasales et leur ouverture au niveau du squelette facial qui assurent cette fonction. L'ouverture est étroite en pays froid ou sec, large dans les régions équatoriales ou particulièrement chaudes. La distribution géographique du rapport de la largeur sur la hauteur de l'ouverture nasale, que l'on appelle l'indice nasal, présente une distribution géographique nettement significative. Or chez les Néandertaliens qui connurent des climats très différenciés depuis le froid intense de la dernière glaciation jusqu'aux périodes interglaciaires plus chaudes et humides, leur ouverture nasale est demeurée large tout au long de leur existence qui dura cent mille ans. De même la forme élargie de leur cage thoracique et certainement le volume important de leurs poumons, les jambes relativement courtes notamment chez les femmes, sont des particularités de populations actuelles vivant en haute altitude comme sur les plateaux himalayens ou dans la cordillère des Andes. Or les Néandertaliens n'ont évidemment jamais fréquenté de telles conditions extrêmes.

Un autre exemple est fourni par l'action sur le crâne des hormones sexuelles (testostérone, foliculo-stimuline, prolactine…), dont la production par les testicules et les ovaires et contrôlée par l'anté-hypophyse, fait apparaître des caractères sexuels secondaires qui différencient l'homme de la femme. Les caractères les plus évidents concernent par exemple la saillie des arcades sourcilières et le volume des apophyses mastoïdes qui indiquent normalement le sexe masculin chez les hommes actuels. Chez les Hommes de Néandertal, les fortes saillies supra-orbitaires (torus) et le faible volume des apophyses mastoïdes demeurent les mêmes dans les deux sexes. Les hormones sexuelles n'ont donc pas joué le même rôle chez ces populations fossiles que chez nous.

L'hyper-sécrétion précoce de l'hormone somatotrope provoque chez l'enfant moderne soit le gigantisme, si l'hormone est active tout au long de la vie, soit l'acromégalie si la production hormonale s'effectue sur une durée plus courte. Le sujet acromégale présente un faciès particulier avec un volume facial important, des arcades sus-orbitaires saillantes, un net épaississement

des os de la voûte crânienne, un effacement des fosses canines et un développement important des sinus frontaux et maxillaires. Sur la face endocrânienne des os de la voûte, l'empreinte de la grande veine antérieure appelée « sinus de Breschet » est nettement imprimée, ce qui n'est pas apparent chez l'homme sain. Or tous ces caractères se retrouvent à un degré plus ou moins accusé chez le Néandertalien, à cette différence près que l'acromégale moderne est un individu malade, ce qui n'est pas le cas du Néandertalien.
En raison de cette croissance rapide, l'âge de la puberté pouvait intervenir très précocement chez le Néandertalien avec pour conséquence des grossesses et des accouchements qui pouvaient être souvent périlleux pour le jeune enfant, alors que le bassin de la très jeune mère n'avait probablement pas achevé définitivement sa croissance. Le nombre des jeunes enfants de La Ferrassie en Dordogne (six pour deux adultes) illustre bien cette hypothèse, d'autant plus que d'autres exemples analogues et contemporains ont été décrits au Proche-Orient (Qafzeh en Israël et Shanidar en Iraq). Par ailleurs, le fort pourcentage de jeunes Néandertaliens ne dépassant pas l'âge de 10 ans (55 % de l'ensemble des restes provenant du seul Périgord) pourrait être une explication possible à leur disparition. En revanche, chez les *Homo sapiens* du Paléolithique supérieur, le nombre des restes de jeunes enfants s'avère moindre (aux alentours de 30 %), ce qui pourrait indiquer une croissance et un développement de l'individu plus lent avec toutes les conséquences qui marquent l'avènement d'*Homo sapiens*.

En conclusion, la connaissance des formes fossiles qui nous ont précédé pourrait ainsi nous aider à mieux comprendre qui nous sommes. Il est souhaitable que les anthropologues et les paléontologues ne négligent plus désormais les restes d'enfants préhistoriques, car c'est dans le rôle et dans les modalités des rythmes de croissance que réside probablement une part non négligeable des causes profondes de notre évolution.

Fig. 36. Chronologie de l'ère quaternaire (doc.J-LHeim).

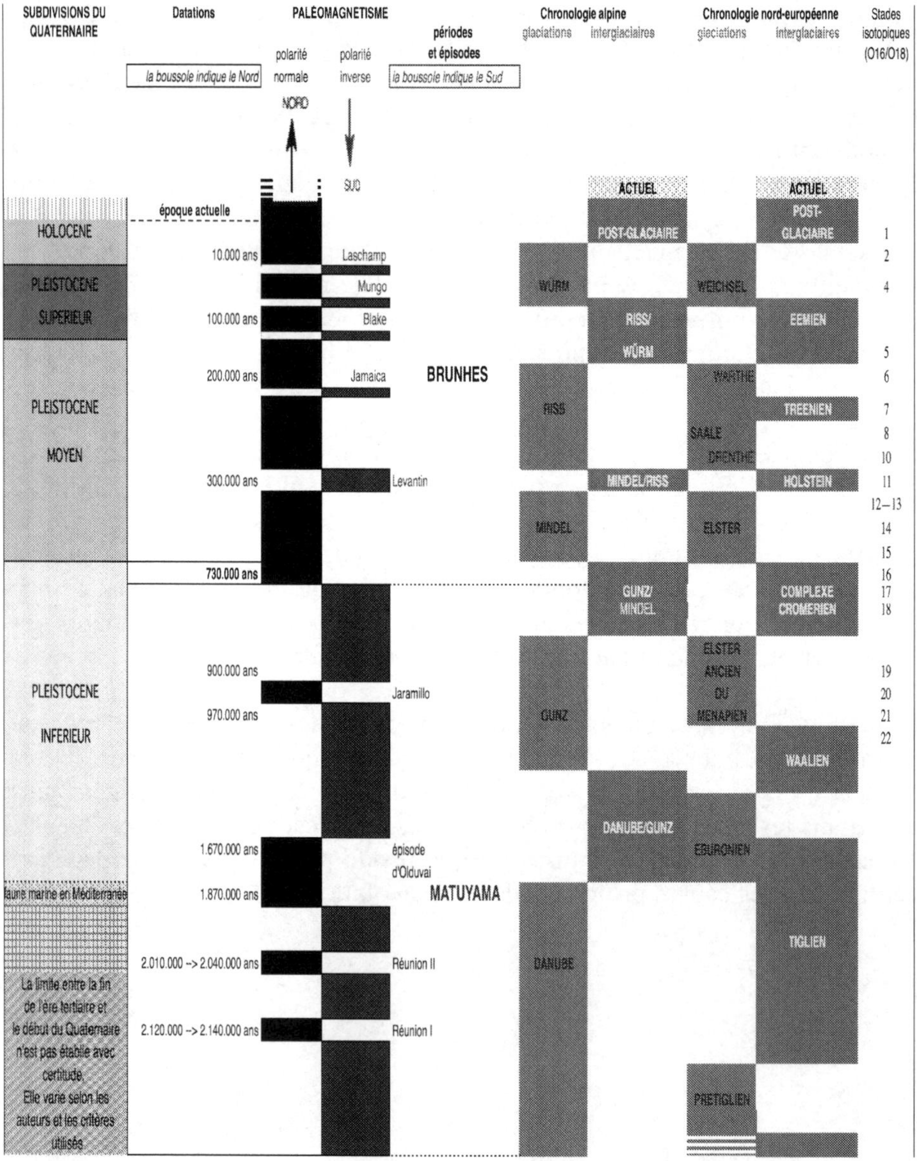

VIII

LES PRECURSEURS DE L'HUMANITE

L'essor des sciences naturelles, dont l'Anthropologie et la Paléontologie humaine ont bénéficié depuis une centaine d'années, a permis un classement rationnel des êtres vivants. On ne doit pas perdre de vue que toute classification, aussi minutieuse et exhaustive soit-elle, ne peut être ni définitive ni, encore moins, parfaite. Elle reflète soit l'opinion de son auteur soit celle de son Ecole et porte le plus souvent la marque de l'époque à laquelle elle a été établie.

Malgré leur commodité évidente, les classifications sont arbitraires, ce qui ôte une partie de leur signification biologique ou paléontologique. L'Evolution est un phénomène continu qui repose sur la diversité des individus. Aussi, toute classification, quel que soit le niveau d'organisation considéré, s'appuie sur un modèle-type, un spécimen, un archétype qui n'est en fait qu'un cas parmi d'autres, mais un cas qui est par définition toujours différent de l'autre. C'est ainsi que les principales formes humaines fossiles ont été décrites initialement à partir de restes isolés qui représentaient chacun un holotype, c'est-à-dire le reste fossile décrit pour la première fois, et qui constitue l'exemple de référence que les découvertes plus tardives devaient soit confirmer, soit remettre en cause.

La reconnaissance de modèles-types permet d'identifier les genres et espèces fossiles de la famille des Hominidés, qui offrent des traits suffisamment distincts et représentatifs, pour que le chevauchement des groupes et des grands stades d'organisation soit réduit au minimum. Cela est rarement le cas, surtout chez les formes pré-humaines.

Les différentes méthodes de recherche menées par les paléontologues, les géologues et les généticiens s'accordent pour estimer que la divergence entre les grands singes et la lignée humaine a pu avoir lieu entre 9 et 7 millions d'années. Entre cette période et l'apparition probable du genre *Homo* qui se situe un peu avant deux millions d'années, des restes d'Hominidés ont été mis au jour en Afrique australe, en Afrique orientale, au Tchad, à Java et même aux confins de l'Europe. On a désigné sous le terme d'Australopithèques l'ensemble de ces formes fossiles découvertes en Afrique et qui ont précédé l'avènement du genre humain.

Nous pouvons rappeler que les différentes formes de primates fossiles qui ont précédé l'avènement de l'humanité montrent, malgré leur état de conservation le plus souvent fragmentaire, des tendances évolutives diverses qui ne permettent pas, jusqu'à présent, d'affirmer avec certitude laquelle de ces formes peut être véritablement considérée comme l'ancêtre de la lignée humaine.

L'histoire des êtres vivants, et plus particulièrement des Hominidés, est illustrée de formes « intermédiaires » qui se retrouvent à tous les niveaux des stades de l'évolution, et ne cessent de poser des problèmes pour les paléontologues dont les positions divergent sensiblement compte tenu des arguments mis en œuvre. Mais les hésitations que le statut de ces restes fossiles entraîne, sont parfaitement compréhensibles en raison des modalités de l'évolution qui s'engrènent comme une mosaïque de caractères, individu par individu, ainsi que par des niveaux d'organisation différents.

La définition d'un groupe fossile, établie d'après la description de l'holotype, fait intervenir arbitrairement une rupture là où seule la continuité est la règle. De la bactérie à l'homme ou au cheval, il n'existe dans l'avènement successif des niveaux d'organisation aucune discontinuité. Les différences apparaissent si toutes les formes vivantes sont considérées simultanément dans la même tranche de temps. Ceci, tous les biologistes le savent aujourd'hui, Buffon l'avait pressenti, Linné, le père de la Systématique, ne le savait pas.

Autant chez les hommes fossiles que chez nos contemporains, il n'y a rien chez l'Homme de plus différent que son semblable. Un regard, un sourire, une attitude, conduit à ne point le confondre, à lui attribuer une identité sans laquelle chaque homme ne serait que l'image d'autrui.

IX

LES PLUS ANCIENS HOMINIDÉS

Dans les années 40, le paléontologue Weidenreich classait les Hommes fossiles en trois ensembles : les Archanthropiens, les Paléanthropiens et les Néanthropiens. La première de ces trois étapes de l'évolution du genre *Homo* correspond à l'*Homo erectus* au sens large, revu aujourd'hui. La seconde comporte les Néandertaliens au sens large du terme et à leurs contemporains à travers le monde. La dernière regroupe tous Hommes anatomiquement modernes, l'*Homo sapiens*. Il convient d'ajouter dans la liste des Hominidés les formes qui ont précédé les Archanthropiens (*Homo erectus*) et que l'on désigne classiquement, sous le nom d'Australopithèques.

L'émergence des Australopithèques

Avant 5 millions d'années, les restes attribués aux Hominidés sont rares pour la bonne raison que la divergence entre notre lignée et celle des grands singes, était à peine amorcée, et que les caractères de la forme ancestrale commune n'étaient pas différenciés.

À 7 millions d'années : *Sahelantropus tchadensis* (Toumaï = « espoir de vie » en langue *goran*) présente une mozaïque de caractères dont certains sont à la fois proches des Hominidés (face orthognathe ?) , dents, région de la nuque, épaisseur de l'émail dentaire), alors que d'autres évoquent les singes anthropoïdes (racine très longue des canines, volume de l'encéphale, orientation du trou occipital, forme upsiloïde de l'arcade dentaire, absence d'un équilibre bipède très probablement permanent) (Fig. 37).

Fig. 37. Crâne du *Sahelanthropus tchadensis* (Doc.M.Brunet).

Son âge très ancien montre que cet être fossile était encore très près de la divergence Hommes-anthropoïdes avec la présence de caractères mixtes dont l'ancêtre commun aux deux lignées devait être porteur.

Les autres restes fossiles proviennent essentiellement d'Afrique orientale et australe. On en connaît à Lothagam et surtout dans la formation de Lukeino à Baringo au Kenya d'où proviennent les éléments de squelettes connus sous le nom de *Orrorin tugenensis*, provenant des collines de Tugen, datés de 6 millions d'années, et porteurs eux aussi d'une association de caractères propres aux grands singes et aux hominidés : par exemple le membre inférieur évoque une adaptation possible à la bipédie, bien que ce ne soit pas le cas pour le membre supérieur qui indique une suspension arboricole.

Ce mélange de caractères anatomiques évoquant ces deux types de locomotion, avait été observé déjà sur l'Oréopithèque (*Oreopithecus bamboli*) qui vivait en Toscane, il a y dix millions d'années.

Entre 5,8 et 5,2 millions d'années, on connaît des restes provenant d'Ethiopie, regroupés sous le nom générique d'*Ardipithecus* : *A. ramidus kadabb*a, et *A. ramidus ramidus*, ce dernier un peu plus récent (4,4 millions d'années). Ce mélange de caractères indique qu'on se retrouve à la limite de la séparation entre les deux lignées, hominidée et pongidée/paninée (singes anthropoïdes africains (gorille/chimpanzés), ce qui permet de situer chronologiquement la période de divergence. A laquelle des deux lignées se rapportent ces restes ? Il est trop tôt pour le préciser. On peut supposer que la séparation a eu lieu au plus tard entre 6,5 et 5,5 millions d'années.

Les restes plus récents sont regroupés dans le genre Australopithecus.
Le plus ancien, daté autour de 4 millions d'années, est désigné sous le nom d'*Australopithecus anamensis*, découvert à Kanapoi, près du lac Turkana au Kenya et dans le Hadar au nord-est de l'Ethiopie. Les particularités relevées sur le squelette des membres sont déjà plus affirmées dans le sens hominidé que chez les fossiles précédents. Il serait l'ancêtre de l'espèce suivante.

Avec *Australopithecus afarensis*, provenant de Hadar en Ethiopie et connu sous le nom médiatique de « Lucy », on dispose de restes plus complets, permettant d'apporter quelques précisions nouvelles sur la locomotion et les proportions corporelles de ces Australopithèques datés entre 4,1 et 2,9 millions d'années, qui devaient présenter d'ailleurs des tendances quelque peu différentes, ainsi que le montrent les restes partiels d'un sujet provenant de Kadanuumuu plus accusés dans le sens bipède. On a même mis au jour en 2000 dans l'Afar, en Ethiopie, un enfant de trois ans daté de plus de 3 millions d'années qui s'avère être le plus jeune reste de cette époque (enfant de Dikkika) (Fig.38).

Leur démarche bipède, encore très chancelante, est corroborée par les empreintes de pas mises au jour dans les cendres volcaniques de Laetoli.

Un de ses descendants probables, daté de 2,5 millions d'années, provient également de l'Afar en Ethiopie. Il s'agit d'*Australopithecus gahri*, forme différente de ses contemporains comme *Australopithecus africanus* ou *Australopithecus* (*Homo* ?) *rudofensis*.

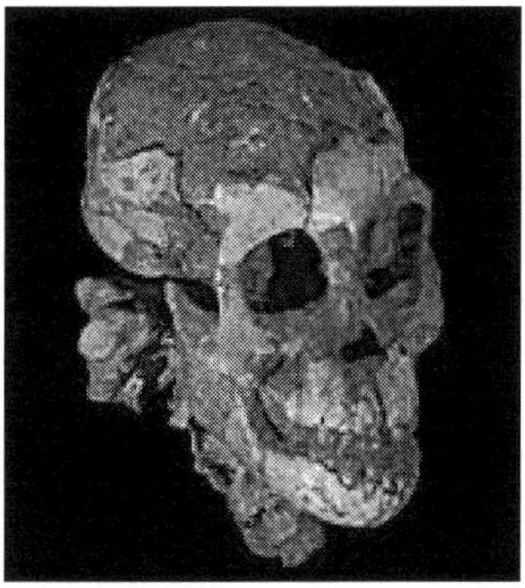

Fig. 38. *Australopithecus afarensis* : enfant de Dikkika (> 3 Ma)

Au Kenya, il y a 3,5 millions d'années, on a identifié une forme voisine représentée par quelques restes crâniens, désignés sous le nom de *Kenyanthropus platyops* qui pourrait représenter un genre voisin d'*A.afarensis*. Ceci indique l'existence d'une très importante variabilité chez ces Hominidés, entre 4 et 3 millions d'années, pouvant être le fait d'adaptations à un environnement particulier et à des conditions alimentaires différentes.

Au Tchad, la découverte de *Australopithecus bahrelghazali*, connu sous le nom de « Abel », représenté seulement par un fragment de mâchoire, indique déjà l'extension à l'ouest du Rift, il y a 3,5 millions d'années, de la famille des Australopithèques, mais conservant quelques caractères mixtes évoquant les grands singes.

En Afrique du Sud, Raymond Dart découvrait dès 1924, les premiers Australopithèques regroupés dans l'espèce *A. africanus*, du nom du crâne de l'enfant de Taung (2,5 Ma) âgé au plus de cinq ans, auquel d'autres formes voisines ont été attribuées : *Plesianthropus transvaalensis* de Sterkfontein, *A. prometheus* découvert à Makapansgat. Ce sont des formes relativement graciles, datées entre 3,5 et 2,5 millions d'années (Fig. 39). La base du crâne montre déjà une tendance à la verticalisation corporelle, ainsi que la frontalisation des alvéoles incisivo-canins qui supposent que leur régime alimentaire était mixte avec un apport de nourriture carnée.

Le genre *Paranthropus* (Fig 40*)*, contemporain de *A.africanus* représente une forme robuste avec des molaires traduisant une alimentation coriace à base de racines ou de graines.

On en connaît plusieurs espèces : *Paranthropus* (ou *Australopithecus*) *œthiopicus* (Kenya et Ethiopie), daté de 2,7 à 2,3 millions d'années, *Parantropus crassidens* (Swartkrans, Afrique du Sud), *Parantropus boisei* (*Zinjanthropus boisei*) provenant d'Olduvai en Tanzanie et daté de 1,75 millions d'années.

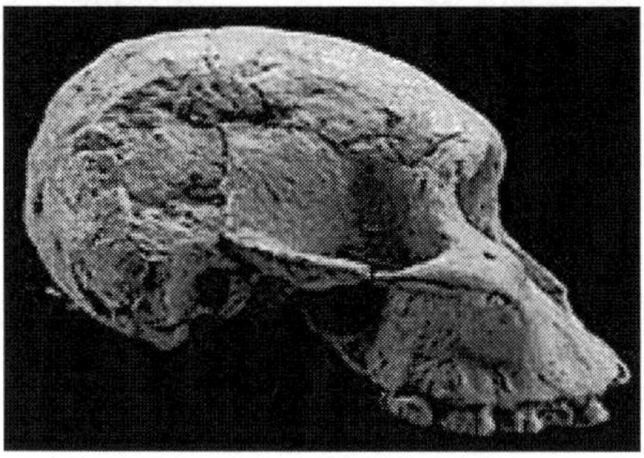

Fig 39. *Australopithecus africanus* de Sterkfontein (Afrique du Sud). (photo.J-L Heim).

Quant à *Paranthropus robustus* (Kromdraai en Afrique du sud), il aurait survécu jusqu'à un million d'années alors que le genre *Homo* existait depuis au moins le double (Fig.39).

Toutes ces espèces, essentiellement africaines, ont vécu dans des régions arborées, à proximité de lacs ou dans des forêts-galeries le long des cours d'eau.

Les Australopithèques *africanus* fréquentaient de préférence les savanes ouvertes où abondait le gibier.

Fig 40.*Paranthropus robustus* de Kromdraai, Afrique du Sud. (photo.J-L Heim).

Ils pouvaient être charognards ou même occasionnellement carnivores, ce que semble indiquer l'étude de leurs dents ; le plus souvent, ils étaient végétariens, frugivores, ou herbivores. Certains chercheurs ont supposé qu'une alimentation carnée aurait pu favoriser le développement cérébral, ce qui n'était pas le cas des Paranthropes, formes essentiellement végétariennes, vivant de préférence dans les zones forestières (Fig.41).

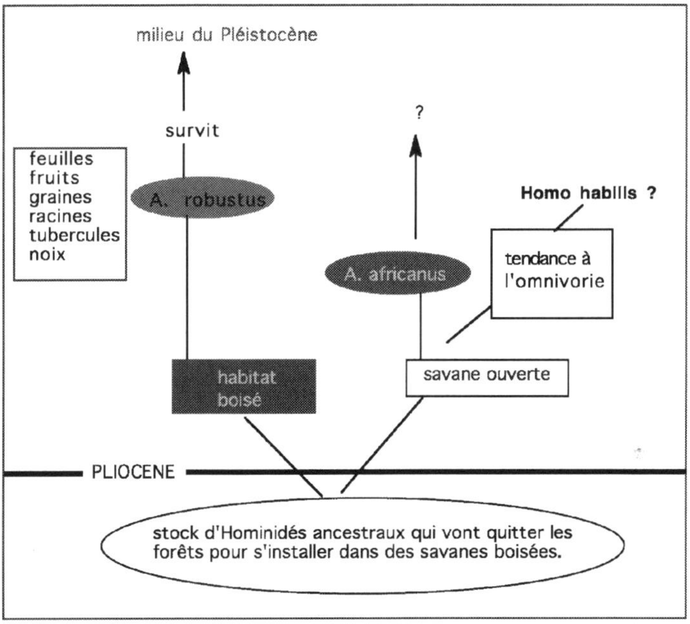

Fig. 41. L'environnement des Australopithèques.

Les Australopithèques pratiquaient une certaine forme de bipédie, certes différente de la nôtre, mais ils devaient faire appel, dans certaines circonstances, à leurs membres supérieurs. Ils ne savaient pas maîtriser le feu ni confectionner des outils au sens propre du terme, c'est-à-dire par modification intentionnelle de la matière brute. Leur psychisme ne devait pas différer beaucoup de celui des grands singes, malgré un allongement possible de la période infantile. Ils ne disposaient pas non plus du langage articulé, mais communiquaient plutôt par des attitudes spécifiques ou des cris-appels.

Les Australopithèques font partie de la famille des Hominidés où ils sont classés dans la sous-famille des Australopithecinés, indépendante de celle des Homininés, qui regroupe tous les représentants du genre *Homo* et les précurseurs les plus probables de l'Homme.

X

A LA DECOUVERTE DES PREMIERS HOMMES

L'histoire paléontologique de l'Homme a débuté dès le moment où il a pratiqué la locomotion bipède, liée à la flexion de la base du crâne, en se déplaçant par enjambées d'une façon permanente, sans l'aide impérative de ses mains. Cette flexion a permis le développement des hémisphères cérébraux dont les fonctions biologiques et les potentialités d'adaptation lui ont permis d'étendre sa distribution géographique dans les biotopes les plus variés. Elle s'est poursuivie enfin par le recul de la face et par la réduction concomitante du système masticateur, en favorisant l'adaptation aux modes d'alimentation les plus diversifiés.

Aucune de ces trois étapes n'a été franchie durablement par les Australopithèques, aussi ont-ils pris une direction différente de celle qui a conduit à l'Homme.

La grande diversité relevée sur les caractères anatomiques des Australopithèques, ainsi que leur adaptation à des conditions écologiques variées, ont pu favoriser des mutations concernant l'espèce la moins adaptée à l'environnement forestier, qui occupait un terrain découvert, comme la savane, source d'une alimentation plus riche en protéines animales, permettant mieux que la forêt, le déplacement par enjambées. L'espèce qui correspond le mieux à ces conditions est l'Australopithèque gracile, *Australopithecus africanus*. Cette supposition pourrait se confirmer si on connaissait l'ADN de cette espèce, pour la comparer à celui des premiers représentants du genre *Homo* identifiés : *Homo rudolfensis* et *Homo habilis*. L'un et l'autre sont contemporains entre 2,4 et 1,7 millions d'années. Ils proviennent d'Afrique orientale avec une extension *d'Homo habilis* en Afrique australe. Ils présentent une forme crânienne assez proche, avec une capacité endocrânienne qui dépasse les 600 cm^3, supérieure aux valeurs les plus élevées des Australopithèques.

LES PREMIERES EBAUCHES DE LA FORME HUMAINE

HOMO HABILIS

Le premier spécimen a été découvert en 1960 par Louis et Mary Leakey à Olduvai en Tanzanie, et daté de 1,75 millions d'années (Ma), ce qui confirme sa contemporanéité avec *Australopithecus boisei*, à Olduvai. Il a vécu entre 2,5 et 1,6 Ma. et a été classé au début dans un genre nouveau *Prezinjanthropus*, puis *Homo habilis* en 1964.

Il est connu par des dents depuis 1959 et, par la suite, à Olduvai (spécimens OH 24, OH 7, OH 8) par les os du pied, de la main, la clavicule, quelques portions crâniennes et la mâchoire d'un adolescent.

Il a été ensuite reconnu en Afrique du Sud à Swartkrans (?), à Sterkfontein (STW 53) là où avaient vécu les Australopithèques. On l'a identifié à l'est du lac Turkana (KNM-ER 1813) et dans la vallée de l'Omo, en Ethiopie.

Les restes plutôt fragmentaires d'*Homo habilis* sont associés aux premiers outils taillés sur une face d'un galet (choppers). Il a donc fallu 1,5 million d'années pour que l'évolution de la main ait permis d'autres créations. Durant ce temps, ils ont représenté le seul type d'outils de pierre.

Homo habilis occupait les bords d'un ancien lac où vivait une faune de savanes : éléphants, girafes, hyènes, babouins. Les sols d'habitat ("living floors"), trouvés sur cinq niveaux étaient couverts de fragments de poissons, de reptiles (tortues), d'oiseaux et de mammifères (jeunes cochons sauvages, rongeurs) associés à un outillage rudimentaire (choppers, chopping-tools, galets taillés des deux côtés, grattoirs, bifaces primitifs) et des blocs de lave et de quartzite non façonnés. Plusieurs os de bovidés étaient brisés pour en extraire la moelle.

Ces débris de cuisine suggèrent que *Homo habilis* était un chasseur de petit gibier et un ramasseur de viande d'animaux plus gros, tués par des animaux prédateurs. Malgré un apport non négligeable de fruits et de baies, *Homo habilis* semble avoir été plus carnivore que les *Homo erectus*, qui leur étaient déjà contemporains, ces derniers utilisant 75 % de leur régime en apport végétal.

Sur le plan anatomique, *Homo habilis* avait une capacité crânienne de 600 à 680 cm^3, plus proche d'*Australopithecus* que d'*Homo erectus* (Fig. 42). La capacité crânienne s'inscrit dans les variations probables des Australopithèques (620-800 cm^3), sans dépasser les valeurs les plus élevées des gorilles (750 cm^3). Durant un million d'années, la capacité crânienne moyenne est passée de 680 (*Homo habilis*) à 900 cm^3 (Pithécanthropes), soit une augmentation de 32 %. 250.000 ans plus tard, elle passe de 900 à 1325 cm^3 (crâne prénéandertalien de Swanscombe en Angleterre), soit un gain de 47%. Le développement du cerveau humain avec ses conséquences concernant l'acquisition des aptitudes psychiques, la diversification de l'outillage, le perfectionnement des techniques de chasse, l'utilisation et la maîtrise du feu, le développement de la parole et du langage, ont été obtenus au cours du stade *Homo erectus* durant le dernier million d'années de notre histoire paléontologique, plutôt qu'entre *Homo habilis* et les premiers *Homo erectus* qui leur étaient contemporains.

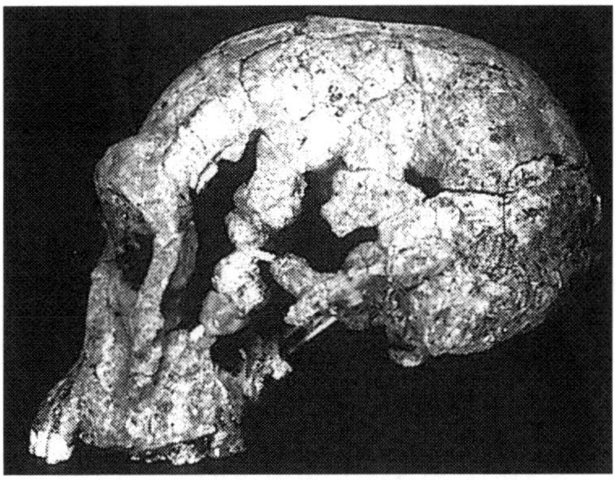

Fig. 42. Crâne *d'Homo habilis* (ER 1813). East Rudolph, Kenya. (photo.J-L Heim).

Toutefois, *Homo habilis* n'est déjà plus un Australopithèque, même s'il subsistait chez lui certaines similitudes, malgré des différences notables. Par exemple, l'arcade dentaire est plus arrondie et tend vers un contour parabolique, ce qui la rapproche de celle des Hommes plus tardifs, la mandibule est moins massive et d'une robustesse qui s'inscrit dans la limite des variations d'*Homo erectus*. Les dents, notamment les molaires, indiquent un régime omnivore, bien que les différences entre *Homo habilis* et *Australopithecus africanus* reposent davantage sur le format que sur la forme.

Dans son ensemble, le squelette post-crânien accuse des tendances plus « humaines » avec un pouce opposable, terminé par une phalangette spatulée presque aussi large que chez *Homo sapiens*. Les doigts musclés sont capables de saisir avec force, sans permettre pour autant la saisie de grande précision qui caractérise la main humaine actuelle, mais capable cependant d'avoir fabriqué les outils qui leur sont attribués. En ce qui concerne le pied, il existe des courbures plantaires (antéro-postérieure et transverse) comparables à celles de l'Homme : le gros orteil est puissant, aligné à côté des autres orteils, ce qui indique une mécanique articulaire proche de la nôtre, et l'adaptation plus que probable à la bipédie, avec une démarche voisine de la nôtre. Sa stature a été estimée à un mètre 30, un mètre 40.

HOMO RUDOLFENSIS

Plusieurs restes d'Hominidés ont été découverts à l'est du lac Turkana. Le plus connu est un crâne incomplet, ER 1470, qui a fait l'objet de plusieurs interprétations. Il est classé parmi les représentants précoces du genre *Homo*, après avoir été attribué à *Homo habilis*, aux Australopithèques, voire au genre *Kenyapithecus*. Il a vécu entre 2,4 et 1,7 millions d'années. Une nouvelle reconstitution lui attribuerait même une parenté avec les singes ! L'hypothèse qu'il appartienne au genre *Homo* est la plus vraisemblable, avec des parois crâniennes moins épaisses, une capacité crânienne d'au moins 775 cm^3, voire supérieure à 800 cm^3, plus élevée que celle de *A. africanus*, une face moins proéminente, un crâne plus globuleux, des os du nez légèrement saillants. Le profil latéral du crâne dans le plan médian, (profil sagittal), montre une courbure régulière, et le rétrécissement post-orbitaire est moins marqué que chez les Australopithèques, évoquant des affinités avec *Homo erectus*. Il en va de même pour le contour de la boîte crânienne en vue postérieure.

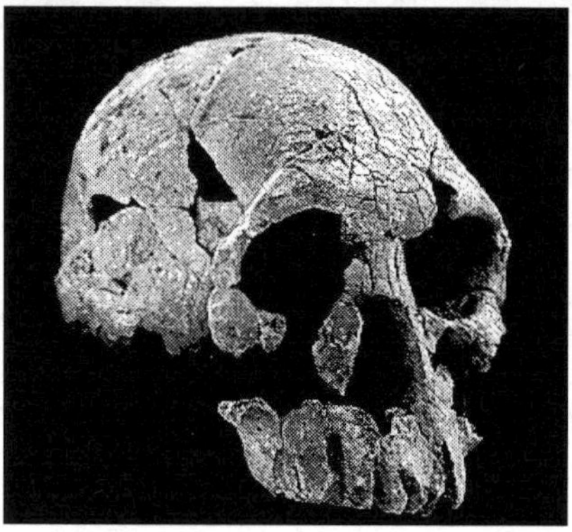

Fig. 43. *Homo rudolfensis (ER 1470)* East Rudolph, Kenya). (photo.J-L Heim)

La position précise de cette forme n'est pas totalement élucidée, compte tenu de la mosaïque de tendances parfois contradictoires. Faute d'éléments, et surtout plus précis, et d'une reconstitution plus objective, on peut admettre qu'il s'agit d'une forme très voisine d'*Homo habilis*, ancêtre possible d'*Homo ergaster*.

HOMO ERGASTER

Les restes d'*Homo erectus* les plus anciens d'Afrique, ont été classés sous le nom d'*Homo ergaster* qui vivait aux alentours de 2 milllions d'années dans la région du Lac Turkana, au Kenya et qui a atteint l'Erythée avec l'Homme de Buya daté d'un million d'années.

Le crâne KNMER 3733 est daté de 1,5 millions d'années. Sa capacité crânienne, qui atteint 850 cm^3, dépasse celle des Australopithèques et se rapproche de celle d'*Homo habilis*. Les traits relativement graciles de son crâne pourraient plaider en faveur du sexe féminin.

Un autre spécimen, WT 15000, provient de Nariokotomé, à la partie ouest du lac. Il s'agit du squelette pratiquement complet d'un sujet jeune, probablement un adolescent daté de 1,6 millions d'années. Il a été découvert dans un niveau très riche en faune comportant de nombreuses coquilles de mollusques. Son squelette indique des proportions corporelles très humaines. L'étude des empreintes de l'encéphale permet de supposer la possibilité d'un certain apprentissage, pendant la croissance cérébrale.

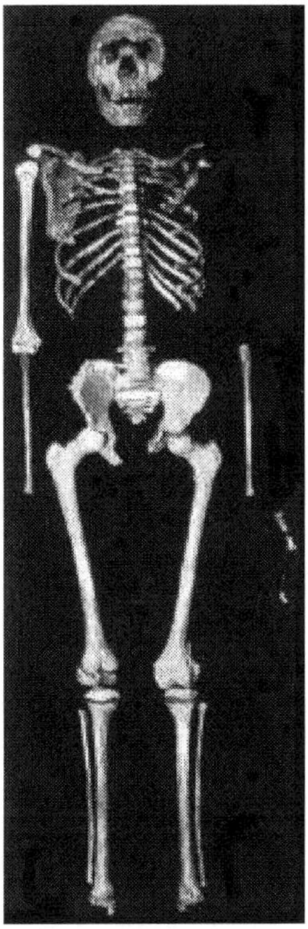

Fig. 44. *Homo ergaster* de Nariokotomé. (reconstitution)

En Ethiopie vers 1,5 millions d'années, on connaît le fragment huméral de Gomboré, très robuste de morphologie typiquement humaine, ainsi que les restes d'une mandibule provenant de Garba. L'outillage est de type « Peeble culture » (galets taillés) d'une facture très répandue à cette époque et connue sous le nom d'« industrie oldowayienne », tirant son nom d'Oldoway (ou Olduvai).

Olduvai, en Tanzanie, a livré les restes de plusieurs Hominidés successifs qui montrent les phases évolutives de ces fossiles. Pour *Homo erectus*, les exemples les plus représentatifs concernent un fragment de crâne d'un sujet jeune, (OH 16), daté d'au moins 700.000 ans, et une calotte crânienne massive et robuste (OH 9). Son âge est d'au moins un million d'années. Il était associé à un outillage oldowayien évolué.

HOMO GEORGICUS

Il semble qu'Homo *ergaster* ne se soit pas limité à l'Afrique orientale. En effet, on a découvert, depuis quelques années, dans le site de Dmanissi en Géorgie, aux confins orientaux de l'Europe, des restes humains dont quatre crânes datés de 1,8 millions d'années, soit une antiquité comparable aux fossiles du Kenya. Les caractères du crâne évoquent ceux d'*Homo ergaster*, mais dont la capacité crânienne (600 à 775 cm^3) le rapprocherait d'*Homo habilis*. Les restes des membres inférieurs apparaissent adaptés à la marche, ainsi qu'à la course, avec une voûte plantaire bien marquée, traduisant une bipédie active. Aussi ont-ils fait l'objet d'une nouvelle espèce : *Homo georgicus*.

Avec des capacités intellectuelles limitées, les hommes de Dmanissi disposaient d'une technologie plus primitive que celle d'*Homo erectus* avec un outillage qualifié de pré-oldowayien, comparable à celui connu en Tanzanie et daté de 2,5 millions d'années.

Homo georgicus mesurait 1,50 m. Son crâne était allongé avec une voûte aplatie, pourvue d'un bourrelet sus-orbitaire saillant et une face projetée en avant. Plusieurs caractéristiques du crâne évoquent *Homo rudolfensis* (ER 1470) et même *Homo habilis*.

Les deux mandibules découvertes à Dmanissi, possèdent des caractères un peu différents qui traduiraient peut-être un certain dimorphisme sexuel. Ces mandibules présentent des affinités avec *Homo habilis* et *Homo rudolfensis*, malgré des dimensions plus élevées.

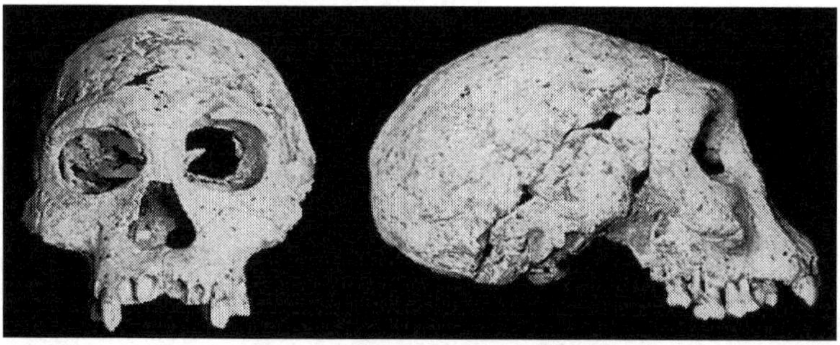

Fig. 45. *Homo georgicus* (Dmanissi, Géorgie) (Doc. Lordkipanidze).

Leur morphologie est en accord avec une mastication puissante dont l'usure dentaire semble liée à la consommation d'aliments durs et fibreux.

La présence d'*Homo georgicus*, aux confins du continent eurasiatique, indique que les premiers Hominidés avaient atteint une zone d'extension dépassant les limites de l'Afrique orientale par le couloir Levantin et l'Anatolie. Cette installation aux confins de l'Europe, peut être recherchée à la suite d'une période de sécheresse, au début de l'ère quaternaire (Pléistocène), qui aurait entraîné, dans un environnement plus humide, la faune de l'est du continent eurasiatique et du nord du continent africain.

Les descendants d'*Homo georgicus* ne sont pas encore connus, bien que la présence humaine très précoce, ait été reconnue en Israël dès 2,4 millions d'années, et plus tard dans le sud de l'Europe, en Italie, en Andalousie, en

Provence et en Espagne centrale, avec des restes humains remontant entre 1,2 millions d'années (Atapuerca) et 850.000 ans (Ceprano).

Les hommes fossiles de Dmanissi semblent descendre des premiers Homo africains (*Homo habilis* et *rudolfensis*), antérieurs à *Homo ergaster* et *Homo erectus*, plus récent. Ils pourraient être à l'origine d'une longue lignée qui s'est développée en Europe et sur une partie de l'Asie continentale.

HOMO ERECTUS

Homo erectus a été d'abord reconnu à Java à la fin du XIXe siècle sous le nom de Pithécanthrope qui, pour Haeckel, dans « l'Histoire de la Création Naturelle », représentait, selon le principe de la gradation des Etres proposée par Leibniz, le «chaînon manquant» conduisant du singe anthropoïde à *Homo sapiens.* A mesure que les découvertes se multipliaient, la notion d'une succession de stades sur une même lignée évolutive, a cédé le pas à celle d'un buissonnement dont *Homo erectus* serait un rameau latéral, par rapport à l'axe central de l'hominisation, la « Tige Humaine » de Teilhard de Chardin. *Homo erectus*, dont les restes ont été identifiés en Indonésie, en Afrique, en Asie, et en Europe plus récemment, homogène par sa structure anatomique malgré ses variations, et relativement stable au cours de sa longue existence qui dura un million et demi d'années, est apparu comme la véritable étape de notre évolution d'où a émergé la lignée conduisant à *Homo sapiens*.

En 1940, F. Weidenreich regroupait sous le nom d'*Homo erectus* l'ensemble des Hominidés du Pléistocène moyen qu'il avait auparavant désignés sous le nom d'Archanthropiens, rendant caduc l'ancien terme de «Préhominiens». Il s'agissait alors essentiellement des formes asiatiques (Pithécanthropes de Java et Sinanthropes de Chine), auxquelles s'ajoutèrent celles d'Afrique orientale (Homme « chelléen » d'Oldoway), d'Afrique du Nord (Atlanthropes de Ternifine en Algérie) et certains restes européens *(«Homo «heidelbergensis»)* auxquels on a ajouté depuis *«Homo georgicus»* de Géorgie et *«Homo antecessor»* d'Atapuerca, en Espagne. La liste n'est pas complète. Le biologiste américain Mayr a proposé de regrouper les Hominidés en deux espèces (*H. erectus et sapiens*), alors qu'un autre paléontologue, Simpson, isolait les Archanthropiens dans le genre *Pithecanthropus*. Depuis, plusieurs définitions se sont succédées (Le Gros Clark, Von Koenigswald, Vallois, Howells, Genet-Varcin, Jakob, Sartono...) sans se ressembler, en raison de la position imprécise et de la mosaïque des caractères des formes extrêmes de la lignée évolutive (ou taxon), soit qu'elles se situent à sa base, et dans ce cas elles sont difficilement discernables d'*Australopithecus*, d'*Homo habilis* ou du Méganthrope de Java, soit qu'elles offrent, dans ses formes les plus récentes, des analogies plus ou moins étroites avec les Hommes de Néandertal et « *Homo sapiens archaïque* » terme impropre qui désigne en fait l'*Homo erectus* progressif ou évolué. Ces formes qui ne peuvent être attribuées aux définitions employées ni pour *Homo erectus*, ni pour *Homo sapiens*, ni pour les Néandertaliens, correspondent à une grande étape de la paléontologie humaine que l'on peut désigner sous le terme de *« stade presapiens »*. La définition d'*Homo erectus* en tant qu'espèce paléontologique est purement arbitraire puisqu'elle est, comme toute « espèce » humaine fossile, dénuée de réalité biologique et fondée sur des restes osseux et dentaires, à l'exception de quelques éléments post-crâniens. L'appellation d'*Homo erectus* n'a de ce fait qu'une signification historique et passée dans la terminologie générale, et peut être remodelée, à mesure des découvertes.

Il s'agit d'un stade de notre évolution paléontologique étendu sur plus de 1,5 millions d'années, période couvrant la moitié du temps d'existence des Hominidés. Durant cette longue période, *Homo erectus* a évolué, depuis les premières formes proches de *Homo habilis* ou *rudolfensis*, datées d'au moins 1,8 millions d'années, jusqu'au plus récentes vers 150 à 200.000, ans présentant des caractères annonçant les Néandertaliens et, plus tard, les formes qualifiées « d'Homo sapiens archaïques », ancêtres des *Homo sapiens* proprement dits et des Hommes modernes, seuls représentants de l'humanité actuelle.

Le terme d'*Homo erectus* implique la notion de bipédie qui est apparue aux premiers observateurs sur les cinq fémurs de Trinil (Java), comme le trait fondamental de cette humanité fossile, bien que primitive par son crâne. Il semble que ces fémurs ne soient pas contemporains de la célèbre calotte, mais bien plus récents. D'autres éléments du squelette post-crânien, découverts depuis, apportent quelques données sur l'aspect physique, bien qu'il existe encore certaines lacunes.

L'essentiel des restes connus concernent le crâne, la mandibule et les dents, car le squelette post-crânien, peu représenté, n'apporte pas les indications suffisantes pour le considérer comme une espèce différente, mais s'accordent avec une constitution corporelle robuste qui aboutira vers la fin du Pléistocène moyen, à une tendance à la gracilisation.

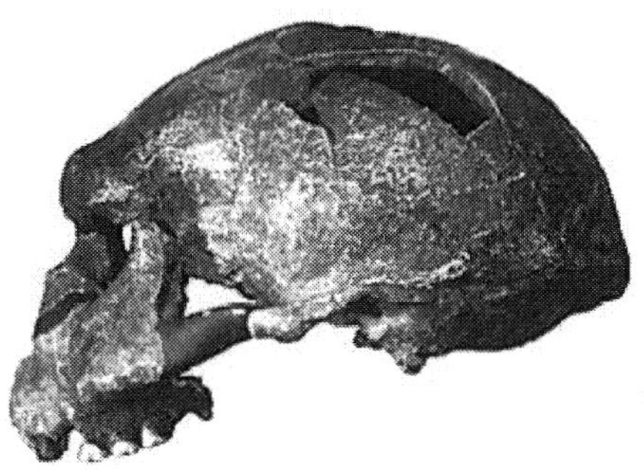

Fig.46. *Homo erectus* : Pithécanthrope VII, Sangiran, Java. (Photo J-L Heim).

Leurs caractères anatomiques ont été décrits à partir des éléments du squelette céphalique (calottes, fragments crâniens et faciaux, mandibules et dents) découverts à Java, en Chine comme en d'autres régions, puis en Afrique et sur lesquels reposent les diagnoses les plus généralement admises. Depuis une quarantaine d'années, de nombreux restes attribués à *Homo erectus* ont été découverts, soit dans les mêmes sites, soit dans des niveaux stratigraphiques et à des périodes très différentes qui couvrent une grande partie du Pléistocène inférieur, le Pléistocène moyen, et aussi la base du Pléistocène supérieur.

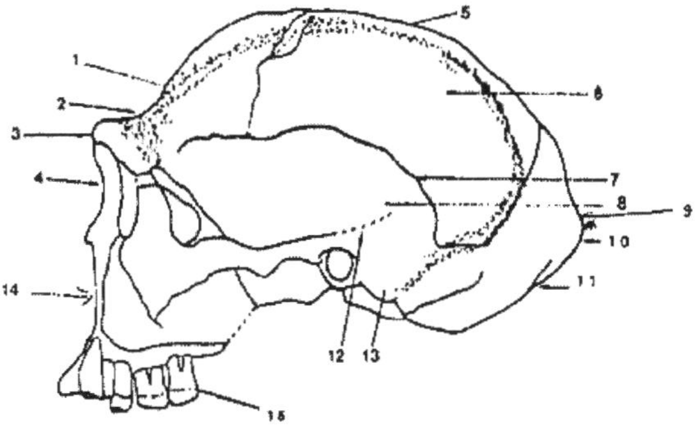

9 : légère gouttière supra-torale de l'occipital
2 : gouttière supra-torale
3 : *torus occipitalis*
4 : ensellure nasale peu déprimée
5 : voûte crânienne aplatie prolongée en arrière par une crête supra-mastoïdienne accusée et par le *torus angularis.*
6 : pariétal aplati et de contour quadrangulaire
7 : suture pariéto-temporale basse et rectiligne
8 : écaille temporale basse
14 : prognathisme variable selon les sujets.
15 : dents volumineuses
10 : torus occipital
11 : occipital anguleux
12 : racine de l'arcade zygomatique robuste
13 : apophyses mastoïdes généralement petites

Fig. 47. *Homo erectus* : vue latérale du crâne.

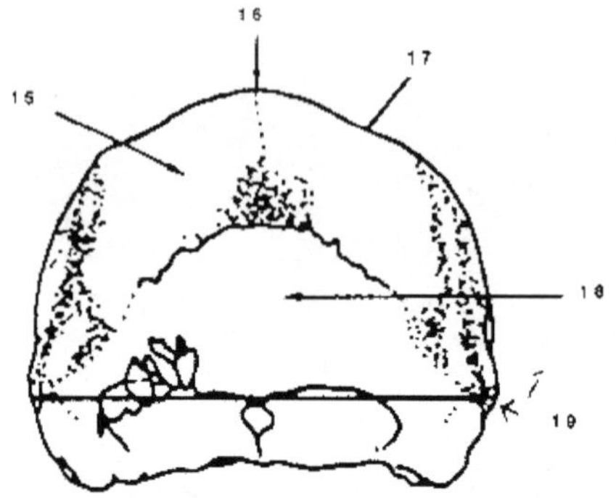

15 : voûte crânienne plus large qu'*Australopithecus*. 16 : carêne souvent visible en vue occipitale. 17 : dépressions parasagittales.18 : occipital large et surbaissé. 19 : largeur maximale de la boîte crânienne située à la partie inférieure au niveau de la base du crâne.

Fig.48. Crâne *d'Homo erectus* : vue postérieure

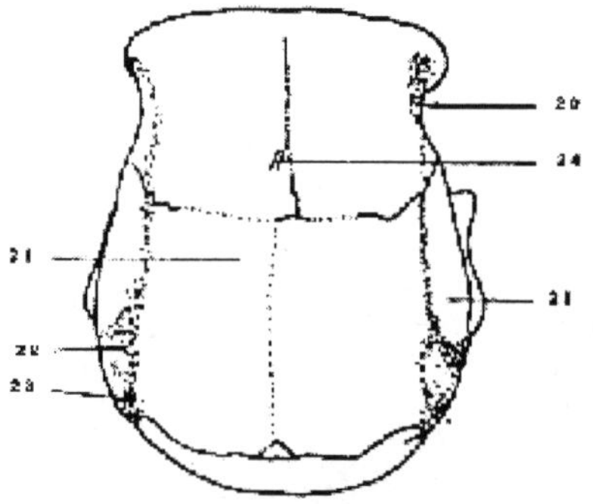

20 : constriction post-orbitaire plus ou moins prononcée
21 : capacité crânienne moyenne de 1000 cc, le plus souvent inférieure à 1150 cc. Valeurs comprises entre 750 et 1225 cc pouvant varier de 582 à 1300 cc
22 :crêtes temporales bien marquées formant un *torus angularis* vers l'arrière (23)
24 : présence d'une carêne sagittale, surtout chez les formes javanaises et chinoises
25 : bosses pariétales peu ou pas différenciées

Fig.49. *Homo erectus* : vue supérieure du crâne.

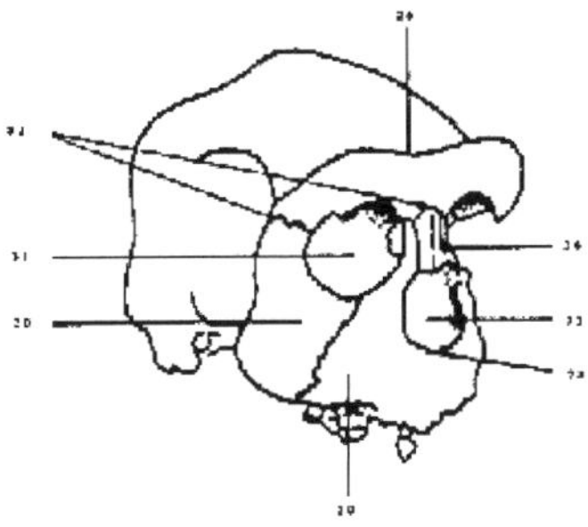

25 : torus sus-orbitaire formant un bourrrelet continu, mais infléchi en son milieu chez les formes tardives
26 : os du nez larges et aplatis
27 : ouverture nasale large
28 : absence de sillon prénasal, bord inférieur tranchant
29 : fosse canine peu marquée, mais dépression sous-orbitaire plus nette que chez les Hommes de Néandertal
30 : os zygomatique volumineux disposé en façade et parfois proéminent
31 : orbites hautes
332 : aplatissement facial assez prononcé.

Fig. 50. *Homo erectus* : vue faciale.

Sous le terme d'*Homo erectus*, on désigne tous les restes humains qui, durant plus de la moitié de la durée d'existence du genre *Homo*, ne peuvent être attribués à *Australopithecus* ou à *Homo habilis*, ni aux Néandertaliens ni, encore moins à *Homo sapiens* au sens strict du terme, c'est-à dire à l'Homme anatomiquement moderne.

On relève sur les crânes d'*Homo erectus* un certain nombre de dispositions communes. Comme chez la plupart des formes fossiles anciennes, les parois crâniennes sont épaisses, surtout chez les formes asiatiques. De même, les arcades alvéolo-dentaires sont en « plein cintre » de type parabolique allongé avec tendance en forme de U (upsiloïde) chez les formes archaïques javanaises, ou carré-parabolique annonçant la disposition des types ultérieurs comme les Hommes de Néandertal. Le palais est vaste et profond, les dents de grande taille, et la denture dépourvue de diastèmes, c'est-à-dire l'espace au niveau des canines qui sert à loger la canine de l'autre maxillaire.

En ce qui concerne le reste du corps, la clavicule présente un certain nombre de caractères « modernes » ; il en va de même pour le radius, alors que le cubitus offre de faibles impressions musculaires. Les os longs du membre inférieur traduisent une forte musculature, en rapport avec des aptitudes locomotrices développées. Les fémurs présentent chez *Homo erectus* des traits qui se retrouvent chacun à un degré variable chez l'Homme moderne : le fémur est toujours plus long que chez *Australopithecus* et

Homo habilis, en rapport avec une stature plus élevée (1,56 m à Choukoutien en Chine, plus de 1,70 m à Java ?).

Concernant le pied, les métatarsiens évoquent ceux d'*Homo habilis* par leur aspect cylindro-rectiligne et s'opposent à ceux d'*Australopithecus* dont la courbure plantaire moins marquée, exprime une certaine adaptation arboricole.

Homo erectus constitue un stade de l'humanité, largement diversifié en de nombreuses régions de l'ancien monde. Durant plus de 1,5 million d'années, il a montré les différentes étapes de son évolution, autant physique que technique.

Homo erectus était initialement un cueilleur de fruits et de racines, pratiquant la chasse de petits animaux et probablement aussi charognard. Par la suite, il a perfectionné ses méthodes de chasse qui lui ont permis de s'attaquer à de plus gros gibiers comme les éléphants.

Son mode de vie a entraîné un regroupement social qui, avec la domestication du feu (vers 450 000 ans qu'il fut le premier à maîtriser), lui a permis de nouvelles méthodes culinaires, de s'éclairer, de se chauffer, et de se protéger contre les prédateurs. La maîtrise du feu a favorisé un essor des relations inter-individuelles au sein du groupe, et le perfectionnement du mode de communication et d'un langage plus élaboré que chez les Hominidés plus anciens, avec le développement de la conscience, de conduites symboliques et l'apparition des premières pratiques rituelles. La domestication du feu s'est généralisée peu à peu (Verteszöllös en Hongrie, Terra Amata en Provence, Choukoutien en Chine, Saint-Vallier, dans la vallée du Rhône).

Homo erectus a amélioré les méthodes de taille, étendu la diversité des outils avec les premiers bifaces, perfectionnés au cours des âges. On lui attribue les industries, appelées acheuléennes, et l'innovation, vers 300.000 ans, d'une technique de taille, dite « levallois », qui permet de mieux maîtriser la taille du silex en préfigurant la forme achevée de l'outil. On reconnaît déjà l'indication matérielle d'une conscience qui implique le choix du matériau brut, la prévision de l'usage final et, en de nombreux cas, la recherche de la symétrie (industrie micoquienne). Les outils provenant de certains sites, comme Swanscombe en Angleterre, témoignent déjà d'un souci du choix de certaines roches, dont la couleur et l'aspect semblent exprimer, chez ces hommes de près de 300.000 ans, un souci de la recherche esthétique. Du fait de ses capacités techniques, on a pu reconnaître, chez *Homo erectus*, l'avènement de comportements nouveaux dans l'histoire de l'humanité, grâce à la maîtrise de la matière minérale qu'il a su adapter aux conditions locales comme à ses besoins.

La diversité d'*Homo erectus* et son expansion au cours du temps

Les plus anciens représentants d'*Homo erectus* datent du début du Pléistocène autour de 2 millions d'années et ont été identifiés en Afrique australe et orientale ainsi qu'en Chine et en Indonésie et au Maghreb. Contemporains des Australopithèques robustes et d'*Homo habilis*, leur apparition semble avoir pris racine à partir d'une forme plus généralisée d'Homininé, de petite taille, et pourvue d'un cerveau relativement plus gros par rapport à sa masse corporelle. Compte tenu de la diversité des Hominidés plus anciens, le meilleur candidat à l'origine d'*Homo erectus* pourrait se situer, selon nos connaissances actuelles, au niveau des plus anciens représentants de l'espèce *Homo habilis* (non identifiés pour l'instant). Leur apparition implique l'existence préalable d'une bipédie acquise et d'une possibilité d'adaptation à des conditions d'existence plus étendues que la forme ancestrale. Cette coexistence, au début du Pléistocène inférieur, avec les derniers Australopithèques et *Homo habilis*, a dû créer une compétition qui s'est soldée, en faveur des premiers *Homo erectus*, par une organisation sociale plus structurée et l'acquisition d'aptitudes techniques nouvelles.

Au cours du Pléistocène moyen, on assiste tout d'abord à des expansions démographiques et géographiques, source de diversité biologique, suivie par une période de stabilité relative, en raison de l'isolement de certains groupes d'*Homo erectus* qui vont perdre en partie leur potentiel évolutif.

Vers la fin du Pléistocène moyen, la pression sélective, qui s'exerce au profit de l'activité cérébrale, va favoriser le développement de l'encéphale, la réduction du système masticateur et des structures de soutien du massif facial. Un morphotype plus gracile (Florisbad, en Afrique du Sud, Salé, au Maroc, Mapa, en Chine) ou plus pneumatisé, notamment au niveau du torus sus-orbitaire et du maxillaire (Broken Hill, en Rhodésie, Petralona, en Grèce, Bodo, en Ethiopie) tend peu à peu à remplacer la forme robuste, prédominante jusqu'alors. La voie vers un *Homo sapiens* généralisé est alors ouverte.

On relève sur les crânes des dispositions communes constantes. Chez la plupart des formes fossiles anciennes, les parois crâniennes sont épaisses, surtout chez les formes asiatiques, et chez certains fossiles antérieurs à la glaciation würmienne d'Europe, (Fontéchevade en Charente, Swanscombe, en Angleterre), qui débuta il y a plus de 120.000 ans .

Au cours de sa longue histoire paléontologique, *Homo erectus* s'est répandu à travers l'ancien monde. Ses restes se rencontrent en Afrique, en Asie, en Indonésie où il a été identifié à la fin du XIXe sècle à Java. Par la suite, des formes voisines, mais assez différentes par leur aspect, ont été reconnues en Europe sous des noms divers (*Homo heidelbergensis*, *Homo antecessor, Homo steinheimensis*). Quant à l'évolution des formes archaïques de Java, datées de 1,5 Ma, leur capacité crânienne varie de 750 à 900 cm^3. On situe à ce stade le *Meganthropus paleojavanicus*, les *Pithecanthropus robustus, dubius, modjokertensis*. Ces restes sont considérés comme différents d'*Homo erectus* pour représenter un stade antérieur archaïque. On peut admettre qu'il existe deux lignées, l'une archaïque, spécialisée vers des formes de grande taille, homologues d'*Australopithecus robustus* (Méganthropes), l'autre annonçant les Hominidés plus tardifs et moins massifs correspondant à l'*Homo erectus*. Ces formes possèdent le mieux leurs capacités évolutives.

En Chine, les premiers Hommes sont connus à partir de 936.000 ans avec les deux crânes de Yunxian dans la région de Lan-Tien (crâne de Gongwangling), et vers 500.000 ans (mandibule de Chenchiawo). Ces restes humains témoignent de l'existence d'une forme archaïque d'*Homo erectus* qui annonce les Sinanthropes. Ils ont été désignés sous les noms de *Sinanthropus lantianensis* ou de *Homo erectus lantianensis.*

En Afrique orientale, les quelques restes plus anciens d'*Homo erectus* ont été regroupés sous le nom d'*Homo ergaster*..

Dès le début du Pléistocène moyen, *Homo erectus* a étendu son expansion démographique par rapport à la période précédente. Si la plupart des sites et des zones géographiques peuplées au cours du Pleistocène inférieur, l'ont été à la période suivante, de nombreux territoires comme le Maghreb, le Proche-Orient et l'Europe ont livré leurs plus anciens restes, bien que la présence humaine y ait été reconnue auparavant.

Si les modifications anatomiques, qui marquent cette période par rapport au Pléistocène inférieur, font apparaître une augmentation de la stature et du volume corporel, les changements au niveau du crâne cérébral, du massif facial et des dents sont les plus caractéristiques. L'augmentation de la capacité crânienne passe en moyenne de 843 cm^3 à 1067 cm^3 du fait de l'élévation et de l'allongement du neurocrâne, élargi dans sa partie antérieure. II en résulte l'extension transversale du frontal et la réduction de la constriction post-orbitaire et de la fosse temporale. L'élévation de la voûte s'accompagne de celle des écailles frontales (courbure plus marquée à Choukoutien et à Arago) et occipitale (Verteszöllös, en Hongrie ; Swanscombe, en Angleterre ; Steinheim, en Allemagne), alors que le pariétal s'allonge, par sa suture sagittale (Atlanthropes d'Algérie).

Ces transformations se retrouvent sur l'encéphale qui bénéficie d'une extension des aires d'association et fait l'objet d'une asymétrie (Sinanthrope V) liée aux progrès culturels (outillage acheuléen, technique « levallois" », usage du feu) qui ont marqué l'épanouissement d'*Homo erectus* au cours du Pleistocène moyen, et qui ne pourraient s'imposer sans le concours d'un mode de communication comme la capacité de l'usage de la parole, démontré grâce à nos recherches récentes portant sur la reconstitution du conduit vocal.

Homo erectus du Pléistocène moyen a été décrit sous les noms classiques de Pithécanthropes (Java, Afrique orientale), de Sinanthropes (Chine) et d'Atlanthropes (Maghreb), soit autant de variantes géographiques d'un même ensemble.

Les formes tardives d'*Homo erectus* correspondent à la dernière nappe d'extension géographique qui a marqué la fin du Pléistocène moyen, à partir de 600.000 ans et le début du Pléistocène supérieur, vers 300.000 ans. Dans la première moitié du Pléistocène supérieur, (correspondant au Würm ancien d'Europe et à la fin de l'interglaciaire Riss-Würm), les principaux caractères d'*Homo erectus* se sont estompés, soit à la suite d'une extinction (forte spécialisation, remaniement chromosomique rapide ?), soit par l'action de certains gènes dont la prédominance s'est exercée à la faveur d'une structure moins robuste chez les populations préexistantes.

Dans les régions où la présence des formes anciennes d'*Homo erectus* a été reconnue, on a pu identifier leurs descendants qui témoignent d'une évolution sur place du taxon. A Java, les Hommes de Ngandong (*Homo erectus soloensis*), ont atteint une capacité crânienne plus élevée (1035-1255 cm^3) qui entre dans la variabilité des Hommes de Néandertal de l'ouest de l'Eurasie et d'*Homo sapiens*, malgré une robustesse supérieure et une ossification plus rapide du crâne. Les caractères *erectus* s'estompent sur les calottes de Sambungmachan et de Ngawi, (Java, 200.000 ans).

En Inde, l'*Homo erectus* plus récent provenant de Hathnora sur les bords de la rivière Narmada présente des dispositions anatomiques différentes de celles des *Homo erectus* plus anciens, notamment au niveau des apophyses mastoïdes. On lui attribue un âge d'au moins 236.000 ans. (En Chine, on connaît les descendants des Sinanthropes avec le crâne de Dali, daté entre 200.000 et 71.000 ans, ainsi que celui de Tingstun.

En Afrique, l'évolution d'*Homo erectus* s'est poursuivie avec les hommes de Broken Hill (Fig.51) et de Saldanha, en Afrique méridionale, de Ndutu, de Omo-Kibish et de Bodo, en Afrique orientale.

Au Maghreb, la lignée reconnue au départ chez les Atlanthropes d'Algérie, s'est poursuivie au Maroc avec les hommes de Salé, de Rabat, de Sidi-Abd-er-Rhaman, de la carrière Thomas, et plus tardivement du Djebel Irhoud.

Ces formes témoignent de l'épanouissement d'*Homo erectus* jusqu'à une période récente, correspondant au Pléistocène supérieur où se confondent des tendances qui se maintiendront jusqu'à l'avènement des premiers *Homo sapiens* et des Hommes de Néandertal, en Europe comme à l'ouest de l'Asie.

Les représentants les plus récents d'*Homo erectus* qui s'étendaient sur une grande partie des continents, présentent des tendances qui s'écartent de la morphologie du départ pour acquérir des particularités dans le sens d'une certaine gracilisation.

Elle concerne l'élévation de la voûte crânienne, l'augmentation de la capacité crânienne, la réduction du massif facial et de la mandibule, la diminution du volume des dents, traits nouveaux préfigurant une évolution ultérieure aussi bien en Afrique, en Asie, en Indonésie et en Europe.

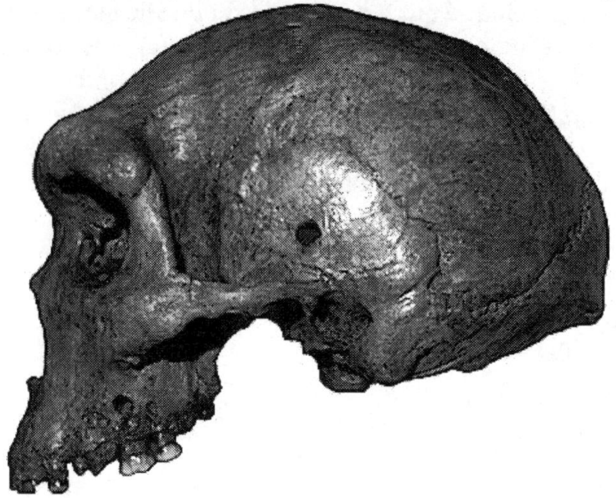

Fig. 51. Crâne de l'Homme de Broken Hill (*Homo rhodesiensis*), Zambie.(Photo J-L Heim).

Un exemple particulièrement frappant qui prête encore à maintes hypothèses sont les petits hommes de Flores, *Homo floresensis* dont la datation est contemporaine des Hommes de Cro-Magnon d'Europe, vers 18.000 ans ! Ils se caractérisent par une toute petite stature, de l'ordre d'un mètre, mais avec des particularités crâniennes qui évoquent *Homo erectus*, dont une petite capacité crânienne inférieure à 500 cm3, une absence de menton entre autres. Il semble s'agir de populations *erectus* qui auraient émigré très tôt dans l'ile de Florès et auraient subi les effets de l'insularité. Ils constituent aujourd'hui une énigme qui n'a pas dit son dernier mot.

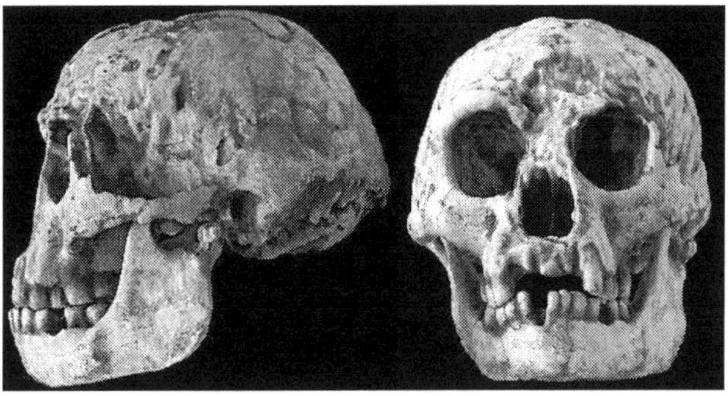

Fig.52. Crâne « d'*Homo floresensis* » Ile de Flores (Indonésie). (moulage).

On retrouve chez les *Homo erectus* tardifs la coexistence de traits « évolués » et de caractères hérités du stade précédent. Ces tendances se retrouvent à divers degrés, mais il ne s'agit déjà plus de l'*Homo erectus*, tel qu'il a été décrit initialement. Ces formes désignées par le terme de Paléanthropiens se sont diversifiées sur une période de plusieurs centaines de milliers d'années. Compte tenu de leur large répartition géographique, elles représentent une étape de l'évolution humaine à laquelle on peut donner le nom de « *stade présapiens* » dont les représentants possèdent dans leur patrimoine génétique les capacités vers de nouvelles directions dont l'*Homo sapiens* moderne constitue l'aboutissement d'une lignée, répandue sur la surface du globe. Ce sont les Paléanthropiens dont les Hommes de Néandertal constituent les derniers représentants fossiles de l'ouest de l'Eurasie. On retrouve leurs équivalents dans les autres régions du monde, même si ne sont pas des Néandertaliens au sens propre du terme, mais qui présentent dans l'ensemble plusieurs affinités.

XI

LA DERNIERE NAPPE HUMAINE FOSSILE AVANT L'AVENEMENT D'*HOMO SAPIENS*

Avec la croissance industrielle de l'Europe et l'essor économique de l'Allemagne, la ville de Düsseldorf s'est agrandie au milieu du XIXe siècle. Il fallait construire. En 1856, des carriers mettaient au jour, par hasard, les restes d'un premier squelette humain provenant des couches archéologiques d'une petite grotte de la vallée de la Düssel, la grotte Feldhofer, fréquentée par un poète et compositeur du XVIIe siècle, Joachim Neumann. Ce dernier avait choisi le calme de cette petite vallée pour y puiser son inspiration. La mode de l'époque invitait les artistes à helléniser leur nom afin d'asseoir leur succès et leur réputation. Neumann signifie l'Homme nouveau, ce qui, traduit en grec, donne *Neander*. Aussi anecdotique que cela puisse paraître, "Neandertal" qui signifie la "vallée de l'Homme nouveau", devait livrer pour la première fois les restes du plus ancien Homme alors connu au milieu du XIXe siècle.

Cette découverte apparaissait comme une surprise d'autant plus remarquable que ces quelques restes d'un squelette humain étaient associés à des restes d'animaux, qualifiés alors d'antédiluviens. Aussi, devint-il pour longtemps le symbole de l'Homme préhistorique, contemporain des animaux disparus, en incarnant l'image de la bestialité originelle de l'humanité sous les traits d'un être mal dégrossi du monde animal, dont il était censé conserver trop d'imperfections pour être capable de raisonner et d'utiliser ses capacités mentales et créatrices pour confectionner des outils ou des armes. Et pourtant, si l'on considère la curiosité et l'intérêt que ces restes suscitèrent, ainsi que tous ceux de même type qui furent mis au jour à la fin du XIXe siècle et au début du XXe, cette découverte allait contribuer sans aucun doute à l'essor d'une nouvelle discipline, la paléontologie humaine qui devait inaugurer une vision nouvelle de notre évolution.

C'est là uniquement le fait du hasard, les caractères anatomiques qui apparaissaient sur le squelette de cet « homme préhistorique » révélaient pour la première fois, douze ans avant les Hommes de Cro-Magnon, une morphologie différente de la nôtre. Aussi son intérêt paléontologique et sa position dans l'évolution humaine n'ont-t'ils été admis qu'à la suite des plus ardentes controverses. Les théories fixistes qui s'imposaient encore quelques années seulement avant Darwin, notamment avec Georges Cuvier et l'avènement de l'Evolutionnisme, avaient toujours tendance à étendre à l'ensemble des trouvailles effectuées au cours du XIXe siècle, la part d'incrédulité qu'elles avaient coutume de témoigner à l'encontre de nouvelles découvertes. On peut rappeler à cet effet les crânes de Cannstatt, de Lahr, de La Denise, de Clichy ou la célèbre mandibule de Moulin-Quignon, qui n'ont plus aujourd'hui qu'une valeur historique. C'est ainsi que la découverte de la calotte d'un enfant à Engis en Belgique (1830) et du crâne d'une femme à Gibraltar (1848), Néandertaliens véritables qui précédèrent la célèbre découverte de Néandertal, furent passées sous silence. On comprendra pourquoi la découverte d'une forme humaine, si différente de l'Homme moderne à maints égards, ne fut reconnue d'emblée, et fit l'objet d'interprétations préconçues et même fantaisistes, avant de s'imposer comme le support aux nouvelles théories darwiniennes. Les traits « primitifs » les plus frappants dans les toutes premières descriptions, tels qu'une « face en museau » surmontée par un énorme bourrelet sus-orbitaire, semblaient alors assez évocateurs pour démontrer le passage du singe à l'Homme moderne. Lorsque la nature véritablement humaine de cette découverte, ainsi que sa grande ancienneté ont été reconnues, ces restes devaient désormais porter le nom d'« Homme de Néandertal » et désignés par William King (1864) sous le nom de « *Homo neanderthalensis* » comme le représentant d'une espèce disparue et différente d'*Homo sapiens.*

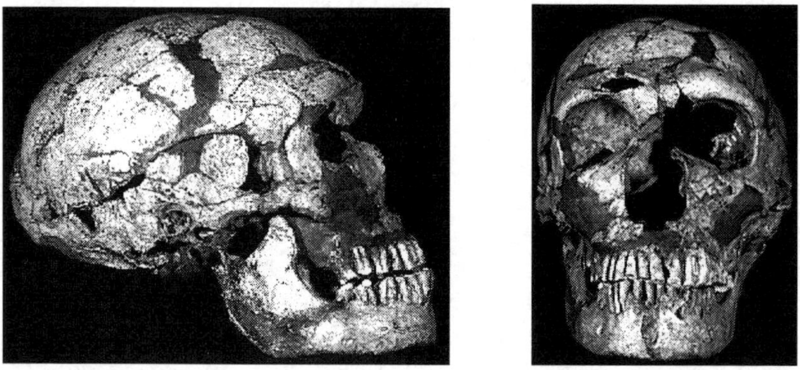

Fig.53. L'Homme de La Ferrassie, >45.000 ans, Dordogne. (photo J-L Heim).

A la suite de la découverte des restes de la vallée de Neanderthal, les recherches se sont intensifiées en d'autres régions, afin de confirmer l'existence de cette forme humaine éteinte. S'agissait-il d'un cas isolé ou du représentant d'une humanité disparue ? Les premières monographies et les découvertes qui ont marqué la fin du XIXe siècle et le début du XXe, ont rétabli une objectivité plus scientifique, quant aux particularités anatomiques et aux capacités techniques de ces Hommes disparus. De nouveaux restes du même type, provenant de la même période chronologique, (les deux premières phases de la glaciation würmienne qui se situent grosso modo entre 100.000 et 37.000 ans), ont été mis au jour. C'est le cas des hommes fossiles de La Chapelle-aux-Saints en Corrèze, de Spy en Belgique, de La Ferrassie (Fig. 53), du Moustier, du Roc de Marsal, du Pech de l'Azé en Dordogne, de La Quina en Charente, de Krapina en Croatie, de Malarnaud en Ariège, du Mont-Circé en Italie, de Bañolas en Catalogne espagnole, de Subalyuk en Hongrie, pour en citer quelques uns, tous découverts à la fin du XIXe siècle et dans la première moitié du XXe.

Peu de temps après les premières découvertes, on a pris conscience que leur outillage, auquel on a donné le nom de « Moustérien » (Le Moustier est un village du Périgord où il a été pour la première fois reconnu), était assez élaboré pour répondre à une spécialisation technique qui n'aurait pu s'édifier sans le concours d'une certaine organisation sociale, ainsi que d'un mode de communication qui impliquait des possibilités d'intégration avancées, et probablement un langage. Bien qu'aucune œuvre d'art ne puisse leur être attribuée, on a compris que l'ocre présente dans de nombreuses couches moustériennes, pouvait être l'indication de certaines coutumes ou de préoccupations esthétiques (peintures corporelles, sur peau ou sur bois, par exemple). Pouvait-on accréditer sa bestialité, alors qu'un certain nombre de squelettes tels que ceux découverts à la fin du XIXe siècle dans la grotte de Spy puis, dès le début du siècle suivant, à La Chapelle-aux-Saints et surtout à La Ferrassie puis, plus récemment, à Kiik Koba en Crimée, à Teshik Tash en Ouzbekistan, à Shanidar en Iraq, au Regourdou en Dordogne, à Saint-Césaire en Charente Maritime, à Kebarah en Israël, provenaient d'un aménagement intentionnel qui ressemblait étrangement à de véritables sépultures. C'était là, pour la première fois, l'indication d'une certaine spiritualité. Ignorant l'agriculture et l'élevage, les Hommes de Néandertal ont été assimilés aux tribus pré-agricoles qui puisent, encore de nos jours, dans la cueillette, la pêche ou la chasse, la source de leur subsistance.

D'autre part, la découverte d'un certain nombre de sites à peu près contemporains, et renfermant une industrie moustérienne, comparable à celle associée en Europe au hommes de Néandertal, ont montré qu'il existait, en dehors de notre continent, d'autres types humains fossiles que les Néandertaliens, capables de fabriquer le même type d'outils. On les connaît au Proche-Orient (Skhul, Kafzeh), au Maghreb (Djebel Irhoud), en Afrique Orientale (Herto, Eyassi) ou australe (Florisbad, Broken Hill, Saldanha), en Chine (Mapa, Ordos, Xujiayao, Tingstun), et même à Java (Ngandong). Sur la base de quelques caractères anatomiques, ces hommes fossiles ont reçu l'appellation abusive de « néandertaloïdes », de « Néandertaliens orientaux » ou « africains », bien qu'offrant assez de traits éloignés des formes européennes pour ne pouvoir leur être assimilées, malgré une morphologie et un comportement somme toute assez proches.

Afin d'éviter toute confusion et l'utilisation abusive du terme d'Hommes de Néandertal, il convient de préciser ce que représente cette appellation sur le plan évolutif. On constate que dans de nombreuses publications destinées au grand public et même dans la plupart des ouvrages scientifiques, de nombreux anthropologues emploient cette dénomination de manière abusive ou erronée. Aussi, est-il nécessaire de mettre un peu d'ordre dans les idées afin d'éviter toute méprise.

On sait depuis longtemps déjà que les Néandertaliens, qui ont peuplé une grande partie de l'Europe, du Moyen Orient et de l'Asie occidentale, sont issus d'une lignée indépendante de celle d'*Homo sapiens*, dont les prémices sont déjà perceptibles depuis environ 300.000 ans. Auparavant, cette partie de l'Ancien Monde était peuplée par les Archanthropiens, terme créé par F.Weidenreich (connus classiquement par le stade *Homo erectus* et autres formes qui y ont été assimilées), ainsi que par leurs descendants qui représentaient comme on vient de le voir précédemment le tronc commun dans lequel les caractères anatomiques et génétiques propres aux deux lignées n'étaient pas encore totalement différenciés. A la fin du Pléistocène moyen, soit vers 200.000 ans, leurs descendants ont été désignés sous le terme de Paléanthropiens. Cette nomenclature est certainement celle qui correspond le mieux à la réalité des restes mis au jour.

Les Néandertaliens, quant à eux, sont les représentants dans l'Ouest de l'Eurasie de ce stade de l'évolution humaine qui a précédé l'apparition des Néanthropiens, autrement dit l'*Homo sapiens*. Le terme de Néandertaliens n'a donc en fait qu'une simple valeur historique en raison des circonstances et du lieu de la première découverte en 1856, à une date où seul *Homo sapiens*, c'est-à-dire l'ensemble des hommes de morphologie actuelle, était reconnu. Les Néandertaliens constituent par conséquent la branche européenne et proche-orientale des Paléanthropiens. A une époque où les découvertes étaient encore limitées, on a par la suite étendu abusivement le terme de Néandertaliens à tous les restes fossiles présents dans l'ancien monde, lesquels, tout en étant des Paléanthropiens, ne sont pas pour autant des Néandertaliens, car ils offrent des caractères quelque peu différents mais variables selon les zones géographiques. Il s'agit là de la preuve qu'une large diversité humaine existait durant le Pléistocène moyen comme celle qui existe actuellement chez les hommes modernes.

En d'autres termes l'appellation de « Néandertaliens » ne doit donc s'appliquer exclusivement qu'aux populations présentes depuis une centaine de milliers d'années en Europe et en Asie occidentale, et sur lesquelles ont porté les premières descriptions et les premières diagnoses. Selon les règles adoptées, cette appellation regroupe les fossiles de morphologie comparable à celle de l'holotype (c'est-à-dire le premier spécimen décrit) et appartenant à cette même période chronologique. Ce regroupement concernait, il y a quelques décennies, des squelettes essentiellement européens, et associés à la culture moustérienne. Depuis lors, la connaissance de la zone d'habitat des Néandertaliens a débordé les limites orientales de notre continent, avec des découvertes d'Israël (Amud, Tabun, Kebara), d'Irak (Shanidar), d'Iran (Bisitun), de Crimée (Kiik Koba), du Caucase et jusqu'en Ouzbekistan (Teshik-Tash).

XII

L'HOMME DE NEANDERTAL : UN COUSIN SANS AVENIR

Des découvertes, depuis la seconde moitié du XXe siècle, ont apporté la preuve que les Néandertaliens n'étaient pas exclusivement les artisans d'un outillage moustérien, mais pouvaient être associés à des cultures attribuées à d'autres populations ou à d'autres périodes, comme le Paléolithique supérieur ou l'Acheuléen. C'est le cas du gisement de Vindija, en Croatie, où des restes néandertaliens incontestables, mis au jour en 1981, ont été extraits d'un niveau archéologique contenant des industries aurignaciennes tout à fait comparables à celles d'*Homo sapiens*. Cette relation a donné lieu à des discussions qui semblent avoir remis en cause cette association. En Charente-Maritime, le préhistorien François Levêque, a mis au jour en 1981 à Saint Césaire, un squelette néandertalien typique provenant d'un niveau « châtelperronien », période archéologique jadis considérée comme la plus ancienne du Paléolithique supérieur. Cet outillage, qui se caractérise par des pièces lithiques typiquement moustériennes associées à des éclats laminaires élancés (pointes de Châtelperron), a été depuis réuni à l'industrie moustérienne dont il constitue le faciès le plus tardif. C'est dans ce même niveau archéologique qu'Otto Hauser, un antiquaire suisse qui « travaillait » pour le compte de l'Allemagne, avait découvert, au début du siècle et à une centaine de kilomètres de là, en Dordogne, l'*Homo sapiens* de Combe Capelle. Ce dernier a été vendu pour une somme confortable au Musée de Berlin. Au cours de la Seconde Guerre mondiale, le musée a été bombardé et le squelette considéré comme détruit. Par chance, son crâne a été retrouvé mais fort endommagé. Des nouvelles recherches sur le gisement de Combe-Capelle ont été entreprises et, loin de confirmer les affirmations de Hauser, ont accordé au squelette un âge plus récent ne remontant pas au-delà du Magdalénien final, vers 9 ou 10.000 ans. La supposée coexistence de ces deux hommes fossiles a servi durant plusieurs décennies à alimenter l'hypothèse de la coexistence entre l'Homme de Néandertal et l'*Homo sapiens* en Europe occidentale. Les datations récentes effectuées sur les hommes fossiles du Paléolithique supérieur, ne les font pas remonter à une période plus ancienne de 30.000 ans en Europe, alors que les derniers Néandertaliens d'Europe semblent avoir disparu probablement 5.000 ans plus tôt.

Les représentants de ces deux lignées dérivent d'un stock ancestral commun, porteur de caractères non encore différenciés, et présents depuis 200.000 ans. Ces restes fossiles indiquent une originalité par rapport à *Homo erectus*, stade qu'ils ont dépassé, et à *Homo sapiens*, stade qu'ils n'ont pas encore atteint. De telles formes ne sont pas exclusives à l'Europe car on les retrouve, compte tenu des différences géographiques et des modalités évolutives propres à chaque région, ainsi qu'au génotype de chacun des groupes, dans un certain nombre de sites d'Afrique, d'Asie et peut-être même d'Australie. Ces formes correspondent à un stade « présapiens » qui regroupe à la fois, les ancêtres des Néandertaliens, ou Prénéandertaliens, et les précurseurs des Hommes de type moderne, les « *Homo sapiens* archaïques », terme d'ailleurs impropre puisque le stade sapiens véritable n'avait pas encore fait son apparition.

La coexistence entre ces deux formes, en Europe occidentale, n'a plus de support. Encore moins, leur métissage, d'autant plus que les séquences d'ADN mitochondrial, relevées sur plusieurs sujets, accordent aux Hommes de Néandertal une indépendance génétique à l'égard des sapiens. Peut-être que la recherche de l'ADN nucléaire, s'il en existe dans les os fossilisés, apportera de nouvelles preuves. Cela, à l'heure actuelle, n'a jamais été clairement démontré.

L'héritage ancestral des Néandertaliens

L'Europe a livré des restes d'Hommes fossiles remontant à plus d'un million d'années (Atapuerca, Orce ? en Espagne) et qui se maintiendront durant les périodes suivantes à partir de 850.000 ans (Ceprano, en Italie, mandibule de Mauer, en Allemagne, Tautavel en France). Ces anciens Hominidés ne peuvent être attribués aux Néandertaliens, bien qu'un certain nombre de points de ressemblance les placent parmi leurs ancêtres les plus probables.

On peut citer la présence d'un bourrelet continu au-dessus des orbites, appelé le torus sus-orbitaire. Ce bourrelet est présent d'une manière générale chez les représentants d'*Homo erectus*, d'*Homo ergaster* et des prédécesseurs européens qui ont précédé la glaciation würmienne. Il consiste en la coalescence des deux arcades sourcilières, du rebord orbitaire et de la partie la plus latérale, appelée le *trigonum supraorbitalis*. Cette disposition ne se rencontre pas chez *Homo sapiens* dont les éléments sont séparés, selon le côté droit et gauche. (Fig. 54). D'autre part, il existe chez nous un sillon séparant le *trigonum* des arcades sourcilières, absent chez le Néandertalien.

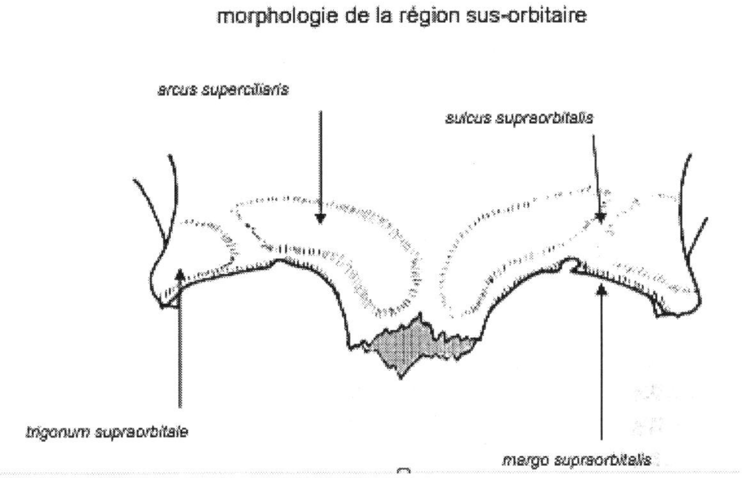

Fig. 54

Un autre caractère d'héritage ancestral consiste en une face volumineuse par rapport au crâne cérébral, même si elle accuse en moyenne chez les Néandertaliens un moindre de degré de développement que chez leurs prédécesseurs. Chez *Homo sapiens*, qu'il soit fossile ou actuel, la face est moins volumineuse (Fig.55).

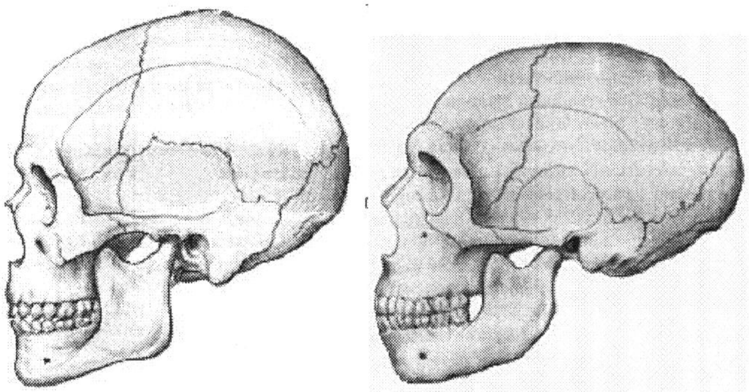

Homo sapiens Néandertalien

Fig. 55. Crânes d'*Homo sapiens* et de Néandertalien.

En ce qui concerne la voûte crânienne, les Hommes de Neandertal ont conservé un front fuyant, une écaille occipitale relativement basse qui s'apparente à certains fossiles plus anciens (Petralona) alors que chez d'autres, plus anciens encore, l'écaille occipitale est relativement élevée (crânes d'Arago à Tautavel), de Steinheim, de Swanscombe, de Verteszöllös, de Fontéchevade 2). L'os temporal est bas avec des apophyses mastoïdes petites et un bord pariétal peu convexe. Ce caractère, très variable chez les formes anciennes, montre que la morphologie primitive de l'écaille temporale s'est conservée au cours de l'histoire paléontologique des Hommes du Pléistocène moyen (Saccopastore) pour demeurer inchangée chez les Hommes de Néandertal, malgré une tendance à l'élévation de la voûte. L'écaille temporale avait subi une élévation notable chez des fossiles plus anciens, tels que Petralona et Steinheim.

La surface endocrânienne de la voûte présente l'empreinte des vaisseaux méningés dont le tracé demeure simple, avec peu d'anastomoses et la présence d'un sinus veineux de Breschet, présent également chez les *Homo erectus* de Chine (Sinanthropes).

L'étude des jeunes restes néandertaliens indique que la structure archaïque est reconnaissable dès les premiers stades de la vie et reflète la transmission de gènes chez les populations plus anciennes. C'est le cas de la présence chez le nouveau-né d'un épaississement de la crête frontale transverse (La Ferrassie 4 bis et 5) qui évoque l'existence d'un torus sus-orbitaire, avant la mise en fonction des actions masticatrices, un massif facial déjà plus volumineux par rapport au crâne cérébral que chez l'enfant actuel de même âge (Pech de l'Azé, Roc de Marsal), et des dimensions occipitales qui traduisent un mode d'ossification plus rapide des os de la voûte que chez *Homo sapiens* (la Ferrassie 8, en Dordogne, Dederyeh, en Syrie).

Hormis ces caractères qui signent chez les Néandertaliens la persistance de dispositions archaïques, d'autres traits montrent des particularités propres à ces Hommes. On peut citer une racine nasale plus saillante par rapport aux orbites, un prognathisme alvéolaire moins prononcé, une capacité crânienne plus grande (1500 contre 1287 cm^3 en moyenne), un gonflement périnasal lié à de volumineux sinus maxillaires, masquant la dépression de la fosse canine, mieux individualisée pourtant chez les formes plus anciennes qui annoncent sur ce point la disposition moderne.

Les traits particuliers des Néandertaliens

A côté de ces traits hérités de ceux de leurs prédécesseurs, les Néandertaliens ont bénéficié de la croissance cérébrale et du développement du neurocrâne que l'on retrouve chez les *Homo erectus* les plus récents. La flexion de la base du crâne, la rotation de l'occipital plus ou moins marquée, évoquent la morphologie des crânes de Dali et de Mapa (Chine), de Narmada en Inde, de Omo-Kibish et Bodo, en Ethiopie), de Florisbad et de Broken Hill, en Afrique australe. Il en résulte des dimensions importantes du squelette céphalique. Pour permettre la réalisation de l'équilibre au-dessus de la colonne vertébrale, compte tenu du développement de la face, le centre de gravité de la tête a subi un léger recul vers l'axe porteur du crâne, c'est-à-dire vers l'axe rachidien par un allègement sensible des parties de la tête non soumises aux contraintes bio-mécaniques liées à la mastication ou au support de la tête, afin d'autoriser le maximum d'efficacité pour le minimum de poids. Cet ajustement existe chez les Néandertaliens et les formes tardives d'*Homo erectus* qui offrent tous un crâne de grandes dimensions, d'une part grâce à un allègement de la face par le développement des sinus frontaux et maxillaires et à l'augmentation du volume des cavités de la face (orbites, fosses nasales, cavité buccale), et d'autre part, par un renforcement des piliers et des arc-boutants du massif facial qui assurent la résistance mécanique indispensable. Autour de ces deux aménagements, s'organise l'édifice architectural du crâne néandertalien. (Fig. 56).

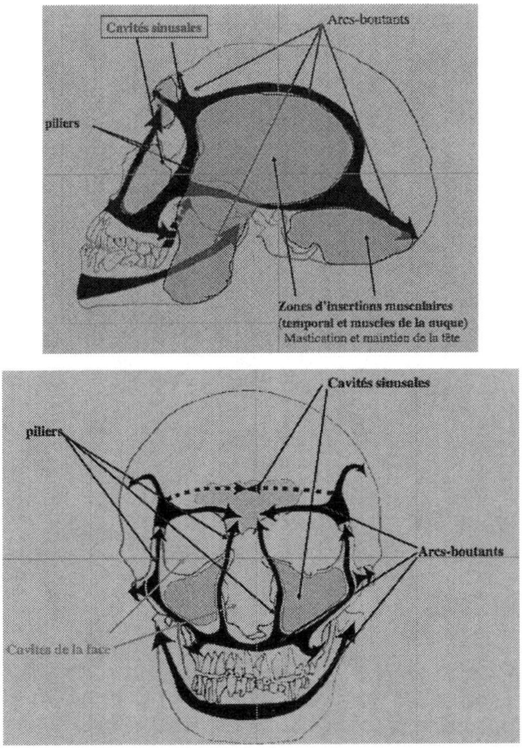

Fig. 56. Architecture faciale du crâne néandertalien. (Doc. J-L Heim).

En Europe, le volume des cavités sinusales est moindre sur les crânes d'Atapuerca, d'Arago, de Fontéchevade ou de Steinheim, fossiles les plus anciens ; elle est plus marquée chez ceux de Saccopastore, optimale à Petralona (ce qui va en faveur d'un âge paléontologique plus tardif que celui qui a pu être parfois avancé), ainsi que chez les Néandertaliens, formes les plus récentes de cette lignée.

Le squelette post-crânien conserve quelques caractères anciens qui demeurent encore incomplètement connus pour être développés. Le squelette des jeunes Néandertaliens apporte quelques indications en ce qui concerne la robustesse précoce du squelette, ainsi que la forte courbure radiale, présente chez le nouveau-né, et ne pouvant être imputée comme on le croyait à tort, à l'action des muscles de l'avant-bras.

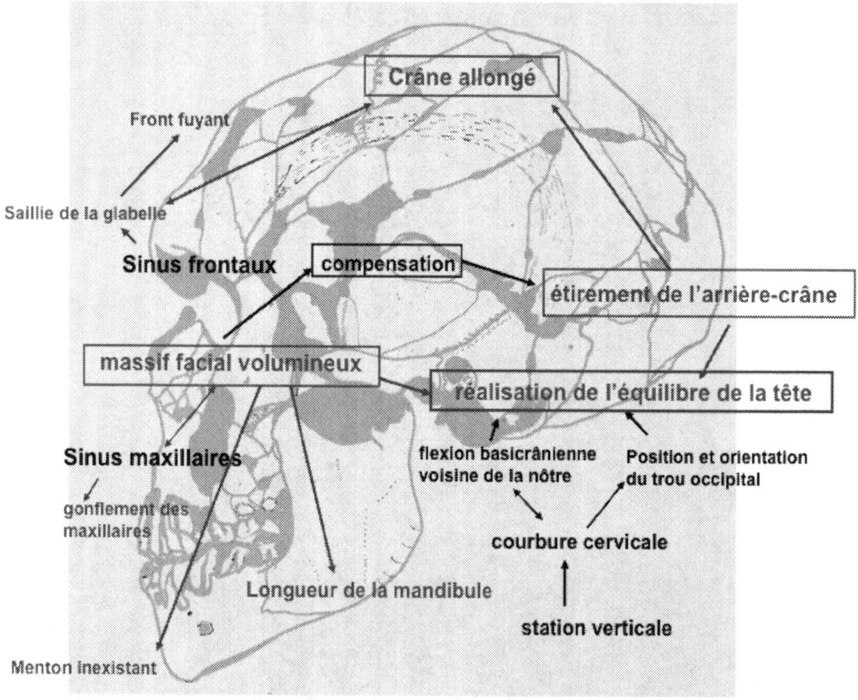

Fig. 57. Les corrélations anatomiques du crâne néandertalien. (Doc. J-L Heim).

La disparition des Hommes de Néandertal

Les Hommes de Néandertal et les *Homo sapiens* constituent les deux derniers aboutissements de l'évolution humaine. L'*Homo sapiens*, le seul représentant actuel de l'humanité, s'est diversifié sur l'ensemble de la planète en s'adaptant aux divers milieux. Les Hommes de Néandertal, aussi bien adaptés que nous, ont conservé, au cours leur histoire qui a duré près de 100.000 ans, leurs caractères propres, compte tenu de leur répartition géographique et climatique qui couvrait la plus grande partie de l'Europe, le Proche-Orient et une partie de l'Asie occidentale. Ils ont disparu en principe avant l'explosion démographique d'*Homo sapiens* à la fin du Pléistocène supérieur, il y a 35.000 ans environ.

Les causes de leur disparition ont fait l'objet d'interprétations diverses. Les principales reposent sur l'hypothèse d'une coexistence temporaire avec l'*Homo sapiens*, ce qui aurait entraîné une rivalité culturelle, d'où la prédominance chez ces derniers d'un avantage sélectif pour la chasse par un outillage plus performant et un comportement plus structuré de l'approche du gibier.

En fait, les Néandertaliens disposaient d'un outillage suffisamment varié et assez performant pour leur avoir permis de chasser durant près de 100.000 ans les gibiers les plus variés pour survivre et s'adapter à des conditions environnementales parfois rigoureuses. Leurs techniques de chasse et leur outillage impliquaient certes une approche du gibier principalement terrestre, approche plus périlleuse que permet la chasse avec des armes de jet tels que le propulseur et le développement de l'outillage en os comme les sagaies et les harpons, et plus tard l'arc, les flèches, qui témoignent chez *Homo sapiens* d'une diversité technique nettement plus performante. Mais il convient de rappeler que ces outils et ces armes sont surtout utilisés principalement dès de Solutréen vers 20 ou 22.000 ans et surtout à partir du Magdalénien (entre 18 et 9.000 ans) et bien sûr au Mésolithique à la fin de la dernière période glaciaire. A ce stade où les hommes disposaient d'un outillage technologiquement performant, il n'y avait plus de Néandertaliens depuis longtemps pour bénéficier d'un présumé contact avec nos prédécesseurs.

Par ailleurs, l'ancienneté classiquement admise pour certains restes humains attribués à l'Aurignacien, comme Velica Pecina en Croatie ou Grimaldi à la frontière franco-italienne, s'est avérée nettement plus tardive à une époque où les Néandertaliens avaient déjà disparu. De même, l'Homme de Combe-Capelle de Dordogne, considéré depuis longtemps comme étant l'une des preuves irréfutables de la contemporanéité des deux populations dans un niveau châtelperronien (vers 32.000 ans), période dans laquelle vivaient encore les derniers Néandertaliens, a été rajeunie tout à la fin du Paléolithique supérieur, voire plus tard encore. La contemporanéité avec le Néandertalien tardif de Saint-Césaire en Charente maritime daté de la fin de la période moustérienne doit être évidemment abandonnée. C'était pourtant l'une des rares preuves évoquées de la coexistence entre les deux populations.

Quant à l'enfant de Lagar Velho au Portugal, dont la presse a fait largement l'écho, daté du Paléolithique supérieur vers 23.000 ans et connu seulement par des os post-crâniens, il a été démontré récemment qu'il est porteur sur ses quelques os de simples convergences anatomiques comme on en connaît dans maintes populations actuelles, et qui ne démontrent en rien l'existence d'un supposé métissage.

En réalité, il n'existe pas des preuves de la coexistence, au moins en Europe occidentale, ni encore moins de la cohabitation des deux populations et encore moins d'un métissage.

En ce qui concerne l'hypothèse de massacre des Néandertaliens par les *Homo sapiens,* aucune trace n'a été constatée sur leurs restes osseux. Des stries de décarnisation (?) comme cela a été noté sur un os de la grotte des Rois en Charente daté de 31.000 ans, ou encore dans la grotte Guatari au Monte Circeo près de Rome, relèvent de l'action d'animaux prédateurs ou nécrophages comme les hyènes des cavernes plutôt que de l'action d'éventuels *Homo sapiens* cannibales ! Les Néandertaliens entre le Portugal et l'Asie occidentale, entre le front de la calotte glaciaire et les rivages de la Méditerranée, n'ont pas été éliminés par leur supposé apport alimentaire dans menu des premiers sapiens anthropophages !

On a parfois invoqué leur disparition à la suite de maladies ou d'épidémies qui se seraient propagées à tout l'ensemble de la population durant un temps relativement bref. Cette hypothèse a pourtant été formulée par divers auteurs dont des médecins et des stomatologues, qui reconnaissaient certains signes sur le squelette évoquant des pathologies inflammatoires telles que les ostéites, périostites, arthroses, des lésions traumatiques au niveau du bassin et des membres porteurs, des troubles liés à l'accouchement en raison du volume relativement important des nouveau-nés par rapport au bassin materne, ou encore des infections ayant favorisé des septicémies notamment d'origine dentaire ou traumatique. Quant au rachitisme ou la syphilis, cette hypothèse n'a aucun fondement. Certes, on constate sur le squelette un certain nombre de signes pathologiques, mais aucun d'entre eux ne sont susceptibles d'avoir été fatal pour l'individu, d'autant plus que dans la plupart des cas, la mort est intervenue plus tardivement. Y en avait-il sur les organes internes ? On ne peut le dire. Il s'agirait, dans ce cas, d'affections individuelles qui n'intéresseraient pas une population aussi étendue sur l'ouest de l'Eurasie. Parmi les lésions qui ont été signalées, on a relevé des fractures diverses, principalement costales : par exemple, l'Homme de La Chapelle-aux-Saints souffrait à la fin de sa vie d'une fracture costale proche du sternum ; les caractères radiographiques du cal indiquent qu'elle a dû précéder de quelques semaines la mort du sujet. Mais rien ne permet d'attribuer la mort à cette fracture, qui est banale en soi, d'autant plus que ce célèbre néandertalien est mort à un âge nettement plus avancé que la majorité de ses congénères, au moins autour de la soixantaine, sinon davantage. D'ailleurs sa longévité est attestée par le fait qu'il a survécu, marché, chassé durant toute sa longue existence malgré une luxation affectant sa hanche gauche, probablement d'origine congénitale, ce qui devait le faire boiter et probablement souffrir. Malgré cela, il n'a pas laissé son articulation se bloquer et l'a mobilisée malgré la destruction du cartilage articulaire.

Le coude gauche du squelette de la Vallée de Néanderthal est très déformé à la suite d'une fracture de l'extrémité supérieure du cubitus qui a entraîné la déformation de l'os et l'augmentation de son volume. Le coude s'est élargi en dehors au point d'occuper la place normalement dévolue à la tête du radius. Il s'agit d'un type de fracture, décrite par Monteggia, qui s'accompagne de la luxation de la tête du radius. Lorsque (comme c'est le cas ici) aucune réduction n'est réalisée, la luxation persiste et le cubitus, en s'hypertrophiant, peut s'articuler avec l'ensemble des surfaces de l'humérus qui se remodèle « à la demande ». Ce sujet a parfaitement tiré parti de cette grave infirmité et a préservé une bonne part du fonctionnement de son coude.

Hormis ce type de lésions qui n'ont de toute évidence pas eu de conséquences sur la vie des sujets, on a décrit plusieurs cas de pathologie inflammatoire dont des ostéites, des périostites et d'un cas d'ostéomyélite du tibia de la femme de Ferrassie 2 lorsqu'elle était jeune et a guéri semble t'il sans le concours de soins externes (on ne connaissait pas les antibiotiques à l'époque !). En revanche, on n'a pas signalé de polyarthrite infectieuse. C'est bien là une preuve de plus des capacités immunitaires de ces Néandertaliens.

Plusieurs cas d'arthroses ont été signalés au niveau de la colonne vertébrale et demeurent absolument semblables à celles que l'on rencontre de nos jours. A la Chapelle aux Saints, il s'agit du cas le plus ancien actuellement connu de cette maladie qui témoigne non pas d'une imparfaite adaptation à la station debout ni, comme on le croit souvent, une conséquence de notre mode de vie moderne. On peut remarquer que le rétrécissement des canaux de conjugaison par où passent les nerfs rachidiens devait infliger au sujet de sévères douleurs. Ceci devait être tout simplement la conséquence de la luxation de la hanche que nous venons de signaler.

La pathologie dentaire est assez fréquente chez les sujets relativement âgés et dépend essentiellement de la forte usure des dents atteignant dans certains cas la cavité pulpaire et le canal radiculaire. Cette usure, certainement précoce, résulte autant d'une alimentation coriace constituée de viande et d'aliments d'origine végétale contenant de la poussière minérale impliquant une mastication longue et puissante, que de l'usage des dents, notamment des dents antérieures, comme outils. Il en résulte des abcès pouvant détruire l'os alvéolaire (La Ferrassie 1, La Chapelle). Cette usure a fait disparaître l'émail mettant la cavité pulpaire à nu compensée par la formation de pulpolithes (bouchons de dentine dans la cavité pulpaire) constituant un établissement chronique quasi-indolore permettant une récupération de l'usage des dents. Chez l'Homme de La Ferrassie, la disparition de la dentine par l'usure a entraîné une infection microbienne avec granulomes et début de résorption alvéolaire, surtout du côté gauche, indiquant que le sujet pouvait être droitier (Fig. 58).

Au total, aucune trace de maladies ou de lésions ayant pu causer la mort n'apparaît sur les squelettes. S'il y en avait sur les organes internes, ce que l'on ignore, il s'agirait d'affections individuelles qui n'auraient en aucun cas décimé l'ensemble de la population .

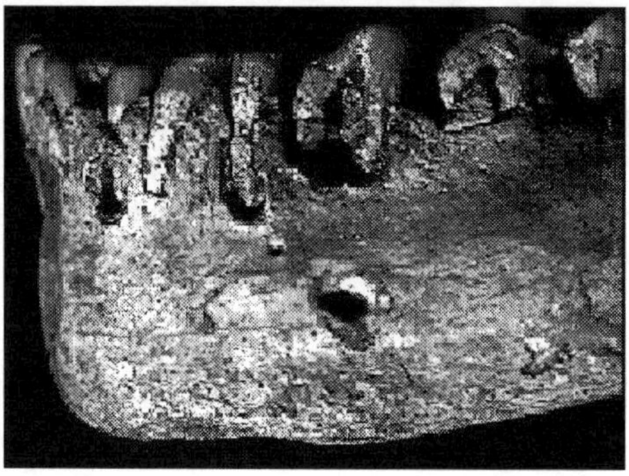

Fig.58. Abcès dentaires sur la mandibule de La Ferrassie 1(photo J-L Heim).

Quant à l'hypothèse d'épidémies, ceci n'a aucun sens dans la mesure où elles impliquent un regroupement social important (de type urbain par exemple), ce qui n'était pas le cas chez des petits groupes de chasseurs-cueilleurs limités à quelques dizaines d'individus et certainement assez dispersés et disséminés selon leurs territoires de chasse.

On a prétendu que les Néandertaliens étaient déficients physiquement par rapport aux Hommes du Paléolithique Supérieur.

En fait cette explication est totalement irrecevable dans la mesure où quiconque a observé les restes de Néandertaliens a pu constater que ces hommes étaient bien charpentés, avec des insertions musculaires marquées et dont le squelette et les dents ne portent pas de traces d'avitaminoses. Nous venons de préciser que l'usure dentaire accusée est la preuve d'une mastication efficace et énergique dès le plus jeune âge, traduisant une alimentation équilibrée entre les apports carnés (protéines) et végétaux (fruits et graminées sauvages, baies, peut-être racines…). D'autre part, on a vu que leurs capacités immunitaires naturelles pouvaient même sembler bien supérieures aux nôtres.

Une autre hypothèse prétend que les Néandertaliens ont disparu parce qu'ils ne pouvaient pas parler ! C'est l'hypothèse qu'avaient suggéré P. Lieberman et Crelin dès 1971 à partir de la première reconstitution du crâne de la Chapelle-aux-Saints, dont la base était trop aplatie et placée de ce fait plus près du larynx, diminuant ainsi l'espace vocal.

La nouvelle reconstitution du crâne que j'ai entreprise en 1984 et les recherches que nous avons poursuivies à l'Institut de la communication parlée de Grenoble, ont démontré que la morphologie et les proportions de leur conduit vocal étaient comparables aux nôtres et que les Néandertaliens étaient capables de prononcer les 3 voyelles cardinales */i, a, u/*, présentes dans la quasi-totalité des langues du monde, et par conséquent de parler.

Sans aller plus loin, on sait que leurs techniques de fabrication des outils, l'usage et l'entretien du feu, la stratégie de la chasse, et l'ensemble de leurs comportements leur permettant d'assurer leur survie, apportent la preuve évidente d'une structure sociale bien organisée au sein du groupe favorisant la promiscuité des individus et par conséquent la parole et très certainement un langage.

Comment expliquer leur disparition ? Leur extinction n'a pas été immédiate, spontanée ou brutale. Elle a pris probablement quelques centaines ou quelques milliers d'années, selon les régions. Elle a été certainement moins rapide que la plupart des groupes humains modernes qui ont disparu pour des causes d'origine humaine, religieuse, alimentaire, politique, socio-culturelle, entre autres.

Les Hommes de Néandertal avaient, à quelques exceptions près, une durée de vie inférieure à celle de nos contemporains qui jouissent des conditions de vie et de soins dont nous bénéficions dans nos sociétés modernes). Aussi, chez les Hommes de Néandertal, les lésions en rapport avec la vieillesse observables normalement sur les os (certains cancers, ostéoporose, fortes lésions arthrosiques, etc.) n'avaient pas eu le temps d'apparaître chez les Néandertaliens. En revanche, la maturation de leur squelette était plus rapide que la nôtre, ce qui signifie que leur puberté était plus précoce et leur sevrage plus court. Ceci implique, un fonctionnement différent de leur système endocrinien. On observe chez leurs jeunes enfants une usure dentaire qui laisse supposer une alimentation de type adulte, dès les premières années de la vie.

Cette réduction du temps de croissance aurait-elle été un handicap pour les enfants ? La moitié des restes néandertaliens (par exemple, en Périgord) concerne des enfants de moins de dix ans contrairement aux Hommes de Cro-Magnon. La puberté aurait pu être une épreuve délicate dans la vie des Néandertaliens. Devant cette mortalité, et en supposant que le taux des naissances permettant le remplacement des générations, ne parvenait pas à remplacer cette perte des jeunes, on peut admettre une extinction progressive de la population par une réduction sensible des individus en âge de procréer. Cette hypothèse démographique repose sur des éléments contrôlables, en accord avec une fonction endocrinienne différente de la nôtre, notamment de l'hypophyse qui produit l'hormone de croissance.

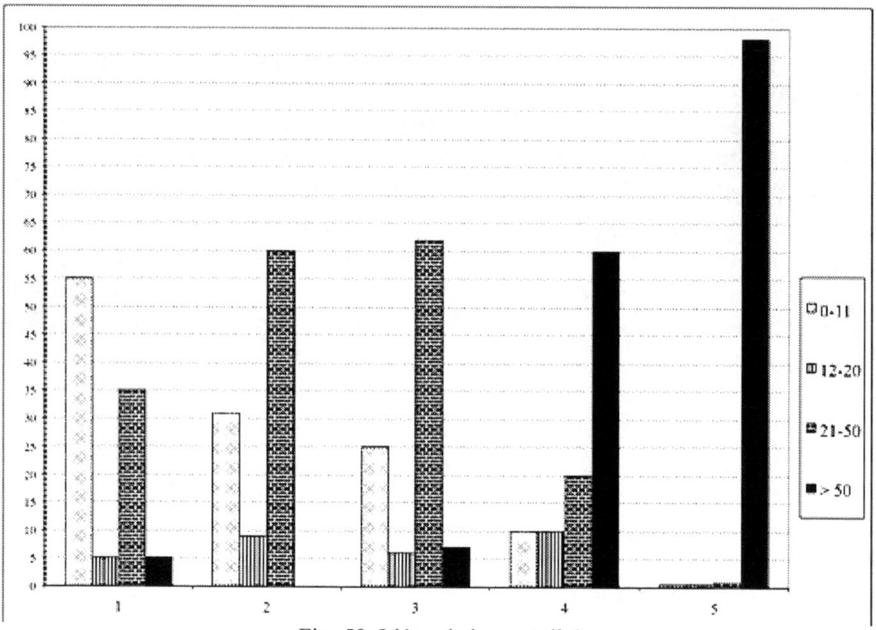

Fig. 59. L'âge de la mortalité.

1 ; Néandertaliens 2 : Paléolithique supérieur ; 3 Mésolithique ;
4 : XVIII-XIXe siècles ; 5 : situation actuelle

XIII

L'AVENEMENT D'*HOMO SAPIENS* OU LE DERNIER STADE DE NOTRE EVOLUTION

Il ne semble guère possible de soutenir l'hypothèse d'une brusque transformation d'*Homo erectus* (représenté en Europe que par leur stade progressif), en *Homo sapiens*, sans franchir les étapes intermédiaires d'où dérivent les formes terminales de la dernière glaciation. Au cours de cette étape intermédiaire qualifiée de « presapiens », qui a duré en fait plusieurs centaines de milliers d'années, les hommes présentent un mélange de caractères archaïques et de traits progressifs, d'abord peu différenciés, mais qui vont s'affirmer par une phase de gracilisation, par l'augmentation du volume cérébral puis, par la réduction relative du massif facial et du système masticateur. Par la suite, ces traits vont s'affirmer aux dépens des gènes encore présents chez leurs ancêtres dont la fréquence diminuera vers la fin de la glaciation de Riss (Fig.36, p.80) ou au début de la période interglaciaire Riss/Würm, il y a environ 200.000 ans, d'une manière différente dans les deux lignées humaines.

Les caractères généralisés relevés chez les Hominidés qui précédèrent la dernière glaciation comme les Néandertaliens, leur confèrent une originalité par rapport à *Homo erectus*, stade qu'ils ont dépassé, et à *Homo sapiens*, stade qui n'avait pas encore été atteint. Le mélange de telles tendances évolutives n'est pas exclusif à l'Europe puisqu'il se retrouve, compte tenu des différences géographiques et des modalités propres à chaque région, ainsi qu'au génotype de chacun des groupes, dans un certain nombre de sites d'Afrique (Omo-Kibish, Broken Hill, Florisbad, Eyassi), d'Asie (Dali, Sambungmachan) et même déjà d'Australie (Willandra Lakes).

Avant l'apparition des Hommes de Néandertal et des premiers *Homo sapiens*, les premiers habitants de l'Europe sont connus par des crânes, des dents, des mandibules, des éléments du squelette post-crânien, dont la quantité importante a permis de suivre les processus de la dernière phase de l'hominisation, et même de comprendre la mise en place des lignées. Ces restes ont conservé dans l'ensemble une part de leurs traits primitifs, hérités d'un stoc ancestral non encore différencié (Gran Dolina et Cueva del Elefante du site d'Atapuerca en Espagne), et qui s'affirmeront pour la plupart en direction des Hommes de Néandertal (Atapuerca : Sima de los Huesos ; Mauer ; Arago ; Saccopastore ; Ehringsdorf ; Petralona), et que l'on désigne sous le nom de « prénéandertaliens ». En revanche, d'autres représentants de cette humanité fossile possèdent certains traits qui se retrouveront au moins 100 ou 200.000 ans plus tard chez *Homo sapiens*. Ils ont été décrits sous le nom de « presapiens » (Steinheim, Swancombe, Fontéchevade), bien que ce terme soit réservé à l'ensemble des formes qui ont précédé l'arrivée des représentants fossiles (Néandertaliens) ou non (*Homo sapiens*) de la dernière étape de l'humanité. Bien avant l'apparition des Hommes de Néandertal, on trouve chez ces Hommes fossiles qui sont encore au stade de paléanthropiens, autour de 200.000 ans, voire davantage, des particularités annonçant déjà *Homo sapiens*. C'est le cas de la disparition du bourrelet sus-orbitaire (Fontéchevade), de la présence d'une fosse canine au-dessous des pommettes, et d'une élévation de l'os temporal et occipital (Steinheim), ou encore de la densité du réseau vasculaire méningé (Swansombe), ce qui démontre que les prémices de la présence d'*Homo sapiens* étaient déja présents, tout au moins en Europe, dans le patrimoine génétique ancestral il y a plus de 200.000 ans. Cette constatation se retrouve également en Afrique sur les crânes de Florisbad, d'Omo Kibish, de Broken Hill (Kabwé), de Herto et de la plupart des autres restes humains, à travers le continent eurasiatique.

Les diverses hypothèses concernant l'origine des Hommes modernes de l'ouest de l'Eurasie, et leurs relations avec leurs cousins non sapiens et fossiles, comme les Néandertaliens, peuvent se regrouper en deux courants distincts.

L'hypothèse d'une l'évolution graduelle suppose une apparition récente de l'Homme anatomiquement moderne qui aurait remplacé en Europe les Néandertaliens. Ces derniers auraient constitué alors une « phase intermédiaire » de la transformation d'*Homo erectus* en *Homo sapiens*. Cette conception, énoncée au début du XXe siècle, a été suivie par plusieurs auteurs dont Hrdlicka (1927).

Cette vision monogéniste et linéaire des mécanismes de l'évolution implique une continuité entre *Homo erectus*, les Néandertaliens et les Hommes modernes. Répandue avant la Seconde Guerre mondiale, cette thèse a pris une orientation plus buissonnante et polycentrique avec Weidenreich (1946), Keith et, plus tard, C.Coon (1962), pour qui les diverses « races » géographiques d'*Homo sapiens* sont autant de séries évolutives *in situ* à partir des formes préexistantes. Les Néandertaliens apparaissent donc comme un des stades intermédiaires pour l'Europe et l'Ouest de l'Asie. Cette thèse demeure encore en faveur chez quelques anthropologues pour qui le passage des Néandertaliens à *Homo sapiens* se serait effectué sous l'influence de l'alimentation, du mode de vie et du perfectionnement des moyens techniques de la chasse. Pour d'autres, le système masticateur, sous l'effet d'un usage moins intensif des dents, aurait subi une régression, entraînant celle du massif facial. Pour d'autres enfin,

Homo sapiens serait issu d'une forme géographique restreinte de Néandertaliens plus avancés anatomiquement, soit dans les Balkans à partir des spécimens de Krapina, Vindija, (Croatie), soit en Asie du sud-ouest à partir des Néandertaliens orientaux par l'intermédiaire de « Proto-sapiens » (sapiens archaïques du Proche-Orient), comme les Hommes de Qafzeh et de Skhul en Israël).

L'hypothèse buissonnante.

La théorie « néandertalienne de l'*Homo sapiens* » accorde une faible part aux caractères spécialisés (ou dérivés) des Néandertaliens qui, en offrant certains traits de convergence avec l'Homme moderne, présentent une différence morphologique avec les premiers sapiens connus du Paléolithique supérieur européen : Pestera cu Oase (Roumanie), Mladec, Brno, Predmost, Pavlov (Moravie), Veternica, Velica Pecina (Croatie), Hannofersand, Stetten (Allemagne), Sungir (Russie), Kostenki (Ukraine), Cro-magnon, Abri Pataud, Les Cottés (France). Cette opposition anthropologique s'explique par un laps de temps trop court entre les deux formes, période que l'on doit réduire d'autant plus que Néandertaliens et Sapiens pourraient avoir été contemporains (?). Weinert avait évalué à 5000 générations le temps nécessaire pour transformer un crâne de type néandertalien en un crâne d'*Homo sapiens*. Si l'on estime que les générations d'alors ne devaient guère dépasser vingt ou vingt-cinq ans, cette transformation aurait nécessité de 100 à 125.000 ans, ce qui est impossible pour les Néandertaliens dont les derniers représentants remontent à 38.000 ans, voire moins. En revanche, si cette estimation est fondée, elle fait remonter les racines d'*Homo sapiens* à la fin de la glaciation de Riss ou au début de l'interglaciaire Riss/Würm vers 300.000 ans, ce qui est d'autant plus acceptable que des traits, déjà différenciés dans le sens « sapiens », coexistaient chez les Hommes du Pléistocène moyen malgré leur structure anatomique archanthropienne. En revanche, l'estimation de Weinert est nettement moins explicite entre les périodes qui, entre 200.000-160.000 ans et 70-35.000 ans n'ont pas donné lieu à des transformations importantes, et ont transmis la plupart de leurs traits archaïques aux Néandertaliens typiques.

Cette conception buissonnante suppose une séparation précoce entre la lignée conduisant aux Néandertaliens et celle qui a abouti aux Hommes actuels, hypothèse adoptée aujourd'hui par la majorité des chercheurs.

La lignée conduisant aux Hommes de Néandertal conserve la structure ancestrale originelle, présente chez les derniers représentants d'*Homo erectus*, à laquelle s'ajoute, sous l'effet de la céphalisation, une forte pneumatisation (développement des cavités sinusales) périnasale et frontale qui exerce un rôle d'allègement de la tête afin d'assurer son équilibre au-dessus de la colonne vertébrale, et entraîne le recul du centre de gravité.

Cette pneumatisation se traduit par un certain nombre de caractères anatomiques qui concernent principalement le volume important du crâne facial par rapport au neurocrâne. Cette spécialisation est celle qu'ont atteint les Hommes de Néandertal, et dans une large mesure, leurs prédécesseurs de la fin du Pléistocène moyen d'Europe et les représentants tardifs d'*Homo erectus* en d'autres régions du monde. Il s'agit là un phénomène universel (voir fig 56, page 115).

A partir du tronc commun encore indifférencié aux deux taxons, la lignée conduisant à *Homo sapiens* va bénéficier du développement du neurocrâne par rapport à la face. Le maintien de l'équilibre de la tête au-dessus de la colonne vertébrale, et par conséquent la situation plus reculée du centre de gravité de la tête, ont pu être réalisés d'une façon plus « économique » sans faire intervenir un processus compensatoire d'allègement, par le développement des sinus et des cavités faciales qui n'accusent aucune augmentation significative de volume par rapport aux populations antérieures. Hormis ces différences, l'augmentation du volume cérébral a suivi la même progression que dans la lignée néandertalienne : elle s'exprime par la même tendance à l'élévation de la portion membraneuse des os de la voûte. Dans la lignée sapiens, elle va s'associer à une face moins volumineuse qui a précédé, dans un premier temps, la disparition du torus sus-orbitaire, amorcée très tôt, puis dès le Würm III, soit vers 50.000 ans, le retrait de l'arcade alvéolaire par rapport à l'arcade basilaire de la mandibule, et le développement du menton, caractéristiques d'*Homo sapiens*. Auparavant, vers 90.000 ans avec les Hommes de Kafzeh, de Skhul, (Israël) du Djebel Irhoud (Maroc) et de Mapa (Chine), ce stade n'était pas encore acquis, avec la conservation d'une morphologie crânienne archaïque (présence du bourrelet sus-orbitaire, absence de menton, face relativement volumineuse), qui coexistait avec des caractères annonçant *Homo sapiens* (profil crânien, arrière-crâne plus convexe). En aucun cas, le terme « d'Hommes modernes », attribué à tort à de telles formes, ne peut se justifier ici.

Un tel processus évolutif, tel qu'il se présente en Europe, illustre un schéma appelé « évolution en mosaïque », aboutissant au rayonnement de tendances diverses, nettement distinctes, à partir d'une population peu spécialisée et conservant une fréquence importante de traits archaïques. Les différences anthropologiques existant entre Néandertaliens et sapiens montrent que les premiers ne peuvent être les ancêtres des seconds, ce qu'a confirmé la recherche de l'ADN mitochondrial. Outre la discontinuité génétique que ces différences traduisent, le laps de temps très court qui sépare les deux formes, n'a permis aucun passage significatif de gènes, hormis par la voie d'un métissage qui ne semble guère avoir été démontré jusqu'à présent. Un tel laps de temps est d'autant plus court qu'on dispose d'indices chronologiques dans le sens d'une hypothétique contemporanéité entre les deux types humains, du moins dans certaines régions, sans qu'il n'y ait eu nécessairement cohabitation ni encore moins métissage.

Les causes de la séparation entre les deux lignées sapiens et néandertalienne ont fait l'objet de débats qui n'ont abouti à aucune explication concluante. Pour ma part, cette séparation semble relever de modifications physiologiques, faisant intervenir le système hormonal sous le contrôle de l'hypophyse, en ralentissant dans la lignée sapiens le rythme de croissance, augmentant la période d'apprentissage grâce à la prolongation de la durée de la dépendance du jeune, en raison d'un contact prolongé avec les adultes. Ces conditions ont fait apparaître de nouveaux comportements et des capacités cognitives, chemin privilégié de la lignée aboutissant à *Homo sapiens*.

Les premiers représentants d'*Homo sapiens* avaient acquis la plupart des traits qui caractérisent le stade moderne. Ils apparaissent comme les ancêtres de la diversité humaine, répandue à travers le monde dès la fin du Paléolithique supérieur.

Le processus évolutif, tel qu'il apparaît en Europe, illustre un schéma appelé « évolution en mosaïque », aboutissant au rayonnement de tendances diverses, nettement distinctes, à partir d'une population peu spécialisée et conservant la plupart de ses caractères archaïques. Les différences anthropologiques entre Néandertaliens et sapiens montrent que les premiers ne peuvent être les ancêtres des seconds. Outre la discontinuité génétique qu'elles traduisent, le laps de temps très court qui sépare les deux formes n'a permis aucun passage de gènes, sauf par la voie d'un métissage qui ne semble guère démontré. Un tel laps de temps est d'autant plus bref qu'on dispose actuellement d'indices en faveur d'une relative contemporanéité entre les deux types humains, dans certaines régions tout au moins.

Un tel schéma souligne que l'évolution humaine, dans ses grandes lignes, résulte d'un processus continu qui s'est imposé à la suite de plusieurs niveaux d'organisation successifs autant sur les plans anatomique, ontogénique et comportemental correspondant aux diverses étapes de l'évolution paléontologique des Hominidés. Il en a résulté une suite de stades consécutifs donnant l'image d'un buissonnement, chaque branche formée renfermant la sève nécessaire pour faire apparaître autant de rameaux que le permettent les conditions écologiques et le potentiel génétique de populations peu spécialisées, mais qui font preuve très tôt d'une grande diversité.

L'apparition d'*Homo sapiens* serait la conséquence, au sein d'une population originelle indifférenciée, d'une constitution génétique nouvelle ayant entraîné, peut-être à la suite de certaines mutations, une physiologie, où prédomine le rôle des hormones somatotropes produites par l'hypophyse, qui auraient mis en place des particularités spécifiques. Ces dernières concernent la durée de maturation de l'individu, d'où l'allongement de la période de dépendance du jeune à l'égard des adultes et de la mère. Cette hétérochronie aurait maintenu au niveau du crâne des sujets adultes, une morphologie juvénile, comparativement aux populations plus anciennes. L'allongement de cette période de la vie a été profitable pour l'acquisition d'un apprentissage suffisamment prolongé pour mettre en place les fonctions mentales qui caractérisent l'Homme moderne. C'est ainsi que l'on perçoit chez ces Hommes d'il y a près de 40.000 ans, la prise de conscience de l'environnement non seulement dans son sens alimentaire, mais qui acquiert une dimension symbolique qui se manifeste dans les premières figurations artistiques, et qui transforment les parois du tréfonds des cavernes en véritables sanctuaires. C'est là, l'éclosion d'un premier sentiment religieux.

À partir de ce moment, *Homo sapiens*, va transformer progressivement son mode d'existence sous l'effet de conditions écologiques nouvelles, à la suite du réchauffement qui a suivi la dernière époque glaciaire vers 10.000, ans, et de l'émigration du gibier vers des régions septentrionales. Les Hommes rechercheront de nouveaux biotopes et de nouvelles ressources. Ils trouveront, grâce à l'agriculture, à la domestication puis à l'élevage, des territoires où ils se fixeront d'une façon plus stable que ne permettait la condition de chasseurs-cueilleurs. L'augmentation démographique et la promiscuité vont entraîner d'autres relations inter-individuelles et un brassage génique, source de potentialités évolutives. Ce passage, qui intéresse la fin du Paléolithique supérieur, il y a environ 9000 ans en Europe, la période mésolithique, et surtout le Néolithique qui lui succède, s'est accompagné de transformations biologiques dont le faible recul chronologique ne permet pas de fixer l'ampleur. Elles sont assez révélatrices pour montrer, si l'on en juge par la gracilisation notable du squelette et du crâne, par la diminution du dimorphisme sexuel, par l'augmentation probable de la durée de croissance et par l'apparition de la brachycrânie, (raccourcissement de la longueur de la boîte crânienne), que l'évolution morphologique et biologique de l'Homme n'a pas encore dit son dernier mot.

XIV

L'APPARITION DU LANGAGE HUMAIN

LE CRI, LA PAROLE ET LE LANGAGE

Dans le règne animal et notamment chez les vertébrés, de nombreuses espèces de mammifères font appel à des modes de communication innés et diversifiés dont certains permettent la transmission de messages par des signaux sonores. Ces messages sont codés sous forme de cris-appels. Lorsqu'il s'agit d'animaux sociaux, ils ont pour effet d'avertir leurs congénères de la présence d'un prédateur ou d'un danger, pour rechercher leurs partenaires sexuels lors de l'œstrus, pour marquer la possession territoriale, pour assurer le maintien de la structure du groupe ou pour annoncer la présence de nourriture ou de gibier. En effet, chez les carnivores prédateurs, la chasse exige une attention accrue, alors que chez les Hominidés, elle implique une coopération, une endurance et une habileté qui exigent un système de communication précis.

Les primates sont des mammifères sociaux dont les relations inter-individuelles reposent sur l'émission de stimuli qui, tout en étant propres à chaque espèce, sont en partie acquis par imitation et apprentissage. Ce type de communication exprime des nécessités biologiques et répond aux besoins vitaux d'une population peu nombreuse, de structure anatomique et de mode de vie comparables. Bien que ces nécessités soient liées à la survie du groupe comme la nutrition, la reproduction ou la défense, elles contiennent une certaine part d'affectivité.

Les formes de communication diffèrent selon les groupes : chez les prosimiens et les platyrhiniens (singes du Nouveau-Monde), l'odorat joue le rôle principal, comme chez les insectivores ou les carnivores. Le développement du système olfactif, qui compense l'obscurité des forêts, de la vie nocturne ou crépusculaire, leur permet de recevoir les messages fournis par la sécrétion des glandes péri-anales, plus développées chez eux que chez les catarhiniens, ou par l'urine dont ils imbibent leurs pattes pour marquer leur passage. De même, grâce à leur odorat, les mâles peuvent localiser les femelles au moment de l'œstrus.

Le toucher et les attitudes corporelles assument un rôle non négligeable chez les primates sociaux, en raison de la vie en groupe et de la promiscuité, fréquentes chez les primates supérieurs. C'est le cas des « danses de fureur » par lesquelles gorilles et chimpanzés libèrent leur tension ou manifestent un signe de défi et de protection du groupe. De même, la direction de la courbure de la queue annonce la préparation au saut ou l'invitation à la copulation. L'érection des poils est signe de colère ou de peur. L'érection du pénis fait état de la domination sociale, lorsqu'il ne s'agit pas d'un comportement sexuel, ou les changements de pigmentation, comme la peau sexuelle des mandrills et des geladas.

Les expressions de la face résultent d'une musculature mimétique plus fine que chez les autres mammifères. Elles offrent de nouvelles possibilités d'échange, grâce à des moyens visuels uniques dans le règne animal, exception faite de l'espèce humaine. Chez les reptiles ou les oiseaux, dont l'innervation du nerf facial ne dépasse guère en hauteur la région du cou, la face offre l'aspect d'un masque rigide. Chez les mammifères, l'innervation de la tête et d'une partie de la face, permet la mobilité des lèvres, des faisceaux musculaires des oreilles et de la région péri-oculaire. Les primates bénéficient d'un perfectionnement du système musculaire facial, depuis les prosimiens et les platyrhiniens jusqu'aux Hominidés. La région oculaire, particulièrement innervée, traduit des attitudes codées et identifiables comme la menace (regard fixe) ou la soumission (regard fuyant). Les muscles qui entourent la bouche permettent un lot d'expressions (sortie des dents, gonflement et claquement des lèvres, grimaces). L'extension des muscles auriculaires, chez les primates supérieurs, exprime la menace alors que leur aplatissement est un signe de fuite, de soumission ou de préparation au combat (Fig.61). Chez les humains, l'ensemble des muscles faciaux offre des possibilités plus étendues concernant l'expression et l'articulation des phonèmes, fait exclusif de notre espèce puisqu'il constitue l'un des éléments moteurs essentiels de la communication verbale (Fig. 60).

DU CRI-APPEL A LA PAROLE

Les signaux sonores constituent, pour une large part, les moyens de communication des primates. Ils permettent un transfert d'informations à plus longue distance que la communication visuelle et olfactive, leur pratique a été favorisée dans les habitats forestiers. Chez l'Homme, en revanche, la parole constitue un véhicule culturel et la preuve de la conscience et de l'abstraction, aussi est t'elle devenue l'une de nos fonctions les plus hautement spécialisées.

Si les signaux sonores des singes anthropoïdes dépendent de l'action d'une cage de résonance naturelle (poitrine des gorilles) ou du froissement des branches (confrontation à un adversaire), les vocalisations, produites par les organes vocaux des singes hurleurs (Alouatta), permettent la communication à plus longue distance. Celle-ci peut atteindre jusqu'à un km chez l'indri, le gibbon, l'alouatta, ou le chimpanzé, ce qui est nécessaire en raison de leur habitat forestier.

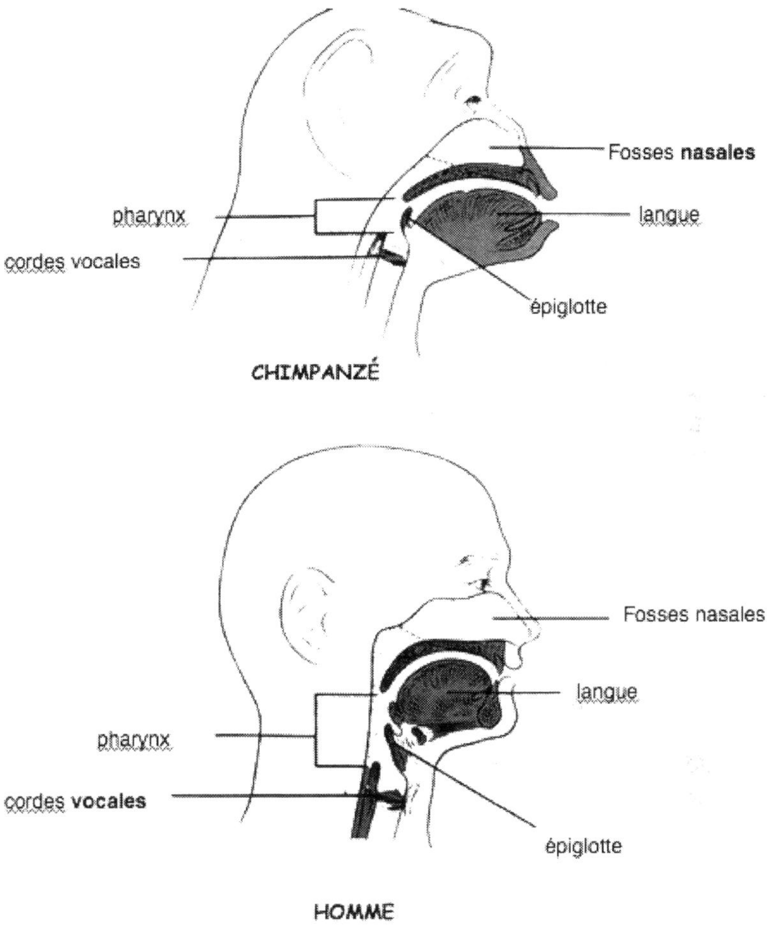

Fig. 60.Les organes de la parole.

Les vocalisations consistent en des cris forts et prolongés dont le répertoire exprime diverses nuances. Elles ont un caractère inné et sont génétiquement déterminées car elles résultent d'un automatisme qui ne peut, en règle générale, ni évoluer ni offrir d'innovations, malgré l'apprentissage et l'imitation, sans lesquels elles ne pourraient être obtenues. Il ne s'agit en aucun cas de symboles, étant donné qu'elles constituent une réponse à un besoin en relation avec la survie : la défense, la nutrition et la reproduction. Les vocalisations sont exclusives : elles expriment un seul message à la fois et répondent à un seul stimulus approprié. Le langage humain, en revanche, est acquis et appris. Sa transmission est fonction de la capacité individuelle et de la mémoire.

Il n'y a pas de signaux complexes chez les Primates ni de déplacement du signal dans le temps, alors que la parole fait appel à la notion de présent, de passé et de futur, puisqu'elle résulte de la pensée et du concept. Les vocalisations disposent d'un registre étendu, selon les circonstances biologiques ou affectives. En revanche, la parole implique des sons ou des phonèmes ayant une valeur sémantique par leur agencement et par leur syntaxe, plus que par leur intensité.

Dans l'espèce humaine, la capacité de langage est une conséquence de l'allongement de la période infantile, comparativement aux autres primates. L'homme se distingue par une croissance plus longue des 2/3 que chez le chimpanzé, au cours de laquelle se réalise la maturation mentale qui met en œuvre les processus biologiques et endocriniens de la croissance, l'influence du milieu social et les acquisitions éducatives qui exercent un rôle fondamental sur la maturité cérébrale. Le langage humain permet de communiquer des informations et des sentiments. Il permet d'exprimer des idées et de créer des concepts abstraits. Aussi, est-il indispensable au développement de la pensée logique, de la capacité d'abstraction au cours des premières années de la vie, et de l'intégration de l'individu au sein de la société.

Chez l'homme, il ne faut pas confondre la capacité de parole et le langage. La première fait appel à une structure anatomique, désignée sous le nom d'appareil phonatoire, qui prend en compte la morphologie du squelette en rapport avec le redressement corporel : le crâne cérébral, la flexion de la base du crâne, la réduction du massif facial, la direction de la colonne cervicale, la situation de l'os hyoïde, la mandibule. Il est formé par une caisse de résonance constituant l'espace vocalique et articulatoire : le larynx et les cordes vocales, la langue, les lèvres, les joues, les fosses nasales, le pharynx (Fig.60). Cet espace a pu se former chez l'homme grâce à l'émergence du cou et à l'élargissement et au raccourcissement de la mandibule. Cette dernière a acquis une forme parabolique avec deux rangées molaires-prémolaires divergentes, alors qu'elles sont parallèles chez les grands singes, (arcade upsiloïde). La langue est devenue chez les bipèdes un organe bulbeux à racine allongée, élargie en avant et plus court que chez les autres primates, du fait du rapprochement des insertions géniennes et digastrique, c'est-à-dire des muscles qui constituent le plancher de la mandibule. Les muscles digastriques sont agencés de telle sorte qu'ils n'altèrent pas la stabilité de l'os hyoïde et permettent la mobilité de haut en bas du plancher de la bouche. D'autre part, la réduction de la massivité et du volume des maxillaires, s'accompagne d'une augmentation du tonus nécessaire aux muscles pour articuler des mots.

Le langage requiert la production d'une chaîne sonore, (appareil phonatoire), l'intervention du cortex cérébral, un contexte social, culturel et affectif. Il implique un agencement des sons permettant par leur articulation de communiquer des signaux sémantiques, reconnaissables par autrui et commandés par le cerveau et par l'apprentissage. Il s'oppose aux vocalisations des primates par l'articulation d'une combinaison à trois niveaux : le phonème, le mot et la phrase. Ces trois composantes sont agencées par convention, de sorte que la position des mots dans la phrase prend une valeur symbolique permettant l'expression d'idées. C'est ce que le physiologiste Pavlov appelait la « verbalisation des images » conduisant, par l'intermédiaire de l'abstraction, à la pensée humaine.

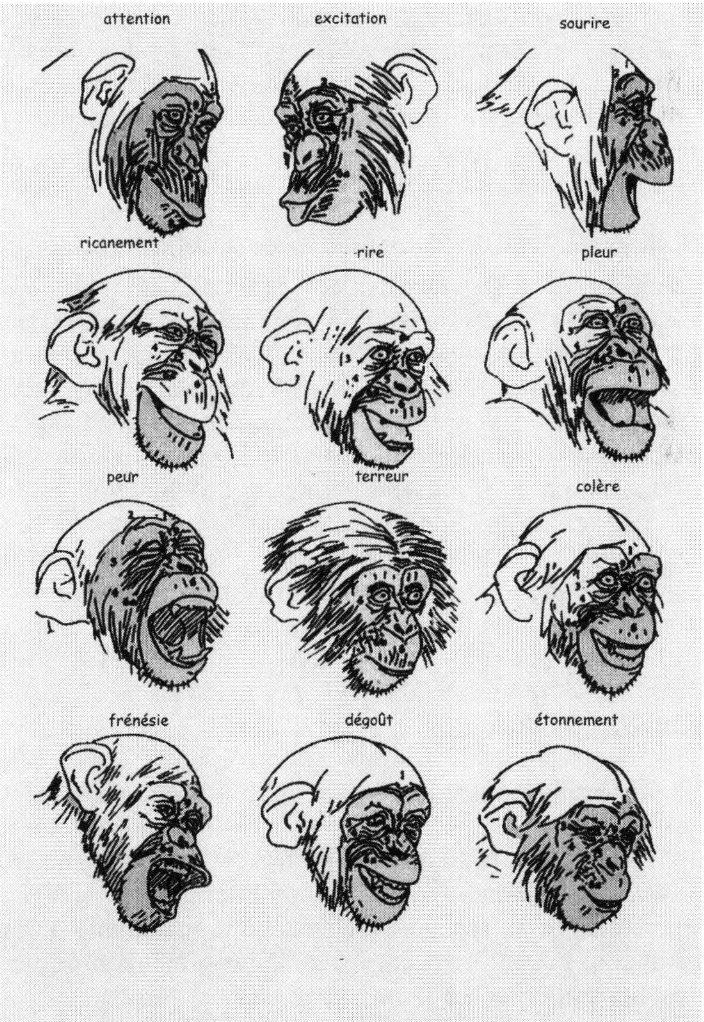

Expressions faciales chez le chimpanzé

Fig.61. (d'après Campbell, modifié).

En ce qui concerne la communication sonore, la différence entre les primates et l'homme tient moins dans la capacité d'émettre des sons que dans la nature des sons émis et la possibilité de modulation. La succion et l'aspiration par exemple diffèrent peu chez l'homme et les primates, (par exemple le « baiser »). Les babouins peuvent émettre certaines consonnes par les lèvres (*p, b, m*), par le bout de la langue (*d, l, n, t*), ou par la base de la langue (*g, k*). En tant que mode de communication, ce type de vocalisations est parfois utilisé par l'homme. Le rapprochement de la racine de langue et du pharynx, ainsi que des joues et des lèvres autorise un ensemble de modulations comme le langage guttural employé dans certains ballets traditionnels (Katakhali du Sud de l'Inde, Barong balinais), ou l'émission de « clicks », claquements de la langue sur le palais utilisé dans le langage des Boschimans, groupe ethnique du désert de Kalahari en Afrique australe, et même l'utilisation d'un langage sifflé, par exemple chez les bergers de l'île de Gomera, aux Canaries, ainsi qu'en Béarn, en Turquie, en Chine et dans d'autres régions montagneuses.

Lors de l'émission des sons, la pulsion de l'air émise par les poumons produit des vibrations sonores, grâce aux cordes vocales au niveau du larynx. Le larynx permet la production des sons en fonction de la tension des cordes vocales, régies par les centres nerveux. L'acquisition de la bipédie a permis au larynx et à l'os hyoïde de s'éloigner du voile du palais. Ainsi, la glotte et l'épiglotte sont séparées par un petit espace qui correspond au pharynx, structure typiquement humaine qui rend possible la phonation.

L'appareil phonatoire ou résonateur permet, par sa fonction modulatrice, la transformation des sons en phonèmes puis en paroles. Il résulte de l'action motrice de plusieurs organes, à partir des zones correspondantes du cortex cérébral, ce qui implique un ajustement et un contrôle sensori-moteurs. La langue et la musculature des lèvres permettent le passage de certains sons émis par la vibration des cordes vocales dans le larynx. Les fosses nasales peuvent s'isoler et se fermer et dans un tel cas, l'air expulsé passe en dérivation à travers la bouche.

L'appareil phonatoire constitue une structure anatomique complexe en rapport avec la flexion de la base du crâne, le redressement corporel et la réduction du massif facial. Il est formé par une caisse de résonance (joues, bouche, fosses nasales, pharynx), qui a pu se former grâce à l'émergence du cou, à l'élargissement et au raccourcissement de la mandibule qui acquiert une forme parabolique avec deux rangées molaires-prémolaires divergentes, alors qu'elles sont parallèles chez les grands singes.

Du fait de la morphologie de la langue humaine, les muscles digastriques qui constituent le plancher de l'arcade mandibulaire, sont agencés de telle

sorte qu'ils n'altèrent pas la stabilité de l'os hyoïde et permettent la mobilité de haut en bas du plancher de la bouche.
La morphologie des parties molles de l'appareil résonateur est impossible à reconstituer chez les hominidés fossiles dont on ne connaît que le squelette. On peut toutefois rechercher la position de l'os hyoïde qui permet d'apprécier la position du larynx. Lorsque celui-ci occupe une position élevée, près du plancher de la bouche, les vibrations des cordes vocales autorisent des sonorités qui ne peuvent se transformer en phonèmes. C'est le cas des mammifères et des primates non humains, ainsi que du nouveau-né humain. En position basse, lorsque le larynx et l'os hyoïde se trouvent au-dessous de la mandibule, la bouche et les fosses nasales sont ouvertes perpendiculairement au pharynx. Il y a alors possibilité d'un langage articulé. C'est le cas de l'homme.

Le langage vocal de l'homme représente plus qu'un assemblage de sons complexes. Il fait intervenir des signaux combinés constituant un système symbolique : l'activité mentale syntaxique de communication est la capacité de concevoir une combinaison d'actes symboliques (mots, gestes, écriture) qui peuvent être associés dans un ordre défini et non aléatoire. La base nerveuse, fondamentale, fait appel à une expansion considérable des centres moteurs et sensoriels, à une augmentation du nombre des connexions permettant l'étendue et l'expressivité des articulations, ainsi que des zones de coordination et d'association au niveau du cortex, grâce auxquelles les symboles sont compris.

Le langage articulé dépend d'autre part de la latéralité du cerveau, c'est-à-dire de la prédominance fonctionnelle d'un hémisphère.

- L'hémisphère gauche contient les centres du langage au niveau de l'audition, de l'émission des sons, de la parole et de l'abstraction, autrement dit la logique du langage ;
- L'hémisphère droit est spécialisé dans la vision (reconnaissance des lieux, sens de l'espace).

La latéralité suit le perfectionnement évolutif. Elle apparaît avec les anthropoïdes. Dans l'espèce humaine, la prédominance de l'hémisphère gauche sur le droit représente 98 % des cas.

Les centres cérébraux du langage, qui siègent essentiellement dans l'hémisphère gauche, permettent le contrôle d'associations complexes qui ne sont possibles que dans le cerveau humain. Deux territoires principaux correspondent à la projection des zones du langage :

- L'aire de Broca, localisée dans le pied de la circonvolution frontale ascendante, correspond aux centres moteurs ou praxiques d'émission du langage articulé, (aire 44) et des gestes de l'écriture, (aire 45). La lésion ou la destruction de cette zone par compression ou hémorragie, entraîne, selon l'aire concernée, soit l'anarthrie, (le sujet profère des sons, mais ne peut les articuler en mots), soit l'agraphie, (le sujet parle bien mais ne peut écrire ce qu'il dit).

- L'aire de Wernicke couvre une partie importante du lobe pariétal. Elle correspond aux centres sensoriels de compréhension du langage articulé, (aire 22) ou écrit, (aire 37). La destruction de ces aires entraîne la surdité verbale, (le sujet entend les sons mais est incapable de les comprendre), et la cécité verbale, (le sujet voit ce qui est écrit mais demeure incapable d'en comprendre le sens).

- L'extension du lobe temporal, au cours de l'évolution, est intervenue dans une large part pour une meilleure discrimination des sons, qualité nécessaire à la transmission verbale.

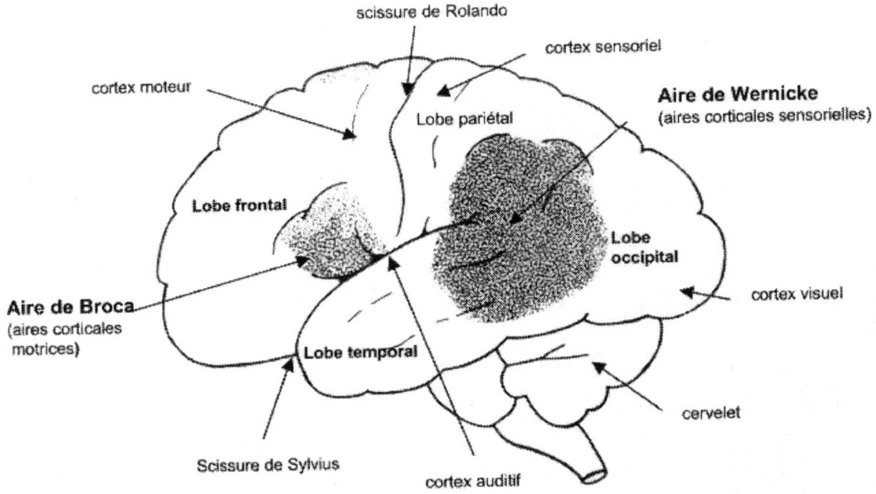

Fig. 62. Les aires cérébrales du langage.

Ces centres qui opèrent simultanément sont coordonnés par une portion du cerveau appelée *thalamus*, qui assure leur intégration fonctionnelle.

Le langage véhicule la pensée et contribue à la créer, car on ne peut penser sans se parler intérieurement, sans mots ni phrases. Le langage et la pensée sont indissociables. Le langage reste le type accompli de communication inter-individuelle qui favorise l'apparition d'abstractions et de concepts nécessaires au développement culturel des sociétés. Étant donné que la capacité culturelle de l'homme est infinie et dépend de sa faculté d'éducation croissante, on comprend à quel point le langage humain représente un caractère sélectif original dans le monde animal et l'un des facteurs majeurs de notre évolution.

Si les structures anatomiques et neurologiques sont indispensables à la genèse du langage, elles demeurent insuffisantes, si les motivations n'existent pas. Ces motivations sont le fait du contexte social dans lequel le genre humain a fait son apparition et s'est développé. L'anatomiste Penfield écrivait : « Seul l'homme parle, écrit et lit un langage fait de mots ». Encore pour parler, faut-il avoir quelque chose à dire ! Les motivations qui dépendent de la nature sociale du genre humain sont liées à la structure du groupe. Un groupe isolé et réduit à une cinquantaine de chasseurs semi-nomades, n'a pas les mêmes besoins et n'utilise pas la même richesse d'informations et de moyens de communication qu'une société plus importante, et régie par des besoins différents.

DE LA PAROLE AU LANGAGE

Bien que la faculté de communication soit codée et innée dans la majorité des espèces animales, le langage humain qui n'est pas héréditaire, a été acquis à la suite de l'apprentissage qui couvre, dans l'espèce humaine, une période plus longue que chez les autres primates.

L'ONTOGENESE DU LANGAGE

L'acquisition de la parole et l'apprentissage du langage chez l'enfant sont instructifs pour tenter de comprendre leur émergence : babillage et formation des syllabes, pointage, élaboration des premiers mots, suivi de leur agencement selon une logique de syntaxe. Cette série d'acquisitions résulte d'un processus d'exploration des capacités cognitives du tout jeune enfant, en harmonie avec la quête d'imitation de l'adulte, qui n'est pas seulement orientée vers le son car elle intègre la vision des gestes qui produisent le son. C'est la raison pour laquelle les aveugles de naissance éprouvent des difficultés à différencier certains sons.

Chez l'enfant, la maturation des centres cérébraux est en retard de six mois par rapport aux centres de la marche. Au cours de la première année, l'enfant communique par des cris, des babillages ou des gazouillis, premières réponses vocales à des stimuli qui témoignent d'un besoin de communication verbale. Au cours des deux premiers mois, il s'agit d'une vibration des cordes vocales qui constitue une phonation continue sans articulation. Entre trois et cinq mois, une articulation par constriction du pharynx s'ajoute à la vibration des cordes vocales (*Areu* ou *Agou*) ou des lèvres (*awu*). Vers sept-huit mois, les gazouillis, qui consistent en monosyllabes (*bababa*, *dadada*, *mamama*), deviennent répétitifs et revêtent un caractère ludique. Dès un an, l'enfant commence à pointer du doigt les objets ou personnes qu'il reconnaît. Après un an, le babillage devient plus sélectif (*papa*, *mama*) avec l'apparition des premiers phonèmes (sons articulés). Il s'agit de termes

simples qui répondent à la phase initiale d'imitation des manifestations sonores. L'enfant commence alors à employer, non seulement des mots désignant des objets ou des personnes absentes, mais quelques symboles et signes, (fonction symbolique du cerveau), annonçant la genèse d'une ébauche de la pensée.
La parole, proprement dite, fait appel à la juxtaposition de deux ou de plusieurs mots et débute, dans des conditions normales, autour de dix-huit mois. L'enfant articule les premiers mots acquis par imitation ou créés par lui-même. Il reconnaît le « oui » et le « non ». C'est la période d'établissement du langage enfantin qui fait suite à celle du pré-langage. Il laisse place, à partir de trois ans, à l'apparition du schéma corporel où l'enfant utilise de 300 à 1000 mots.

La maturation cérébrale, qui correspond à l'établissement des connexions entre les neurones du cortex, est atteinte entre six et huit ans. Elle correspond à l'achèvement de la structure du langage. Alors débute l'apprentissage du vrai langage qui ouvre le chemin à l'acquisition définitive de la communication orale.

LA PALEONTOLOGIE DU LANGAGE

S'il est reconnu depuis la plus haute antiquité que « le langage est le propre de l'homme », aucune conservation anatomique des organes qui le produisent chez nos lointains prédécesseurs, ne permet de préciser l'époque de son apparition. Les preuves archéologiques sont éloquentes en faveur d'une capacité de communication, déjà élaborée chez les hommes du paléolithique supérieur, en raison de la richesse des techniques matérielles pour la confection des outils et des armes, dans la pensée symbolique et artistique qui animait les gravures et peintures pariétales des grottes et des abris. Au paléolithique moyen, le feu est entretenu autour duquel les hommes se regroupent pour s'éclairer, se réchauffer, cuire leur nourriture, éloigner les prédateurs, ce qui sous-entend une vie sociale qui a dû favoriser le développement d'une communication orale et probablement d'un langage autour de 300.000 ans. Qu'en était-il auparavant ? Hormis les parties osseuses, quand elles sont conservées, aucun organe de la phonation n'est préservé. L'os hyoïde lui-même n'est guère connu avant le paléolithique moyen, chez l'homme de Néandertal de Kebara, en Israël (60.000 ans), et plus tard au Mésolithique, chez les Ibéromaurusiens d'Afalou-bou-Rhummel, en Algérie (11.000 ans au moins). Les quelques os hyoïdes fossiles, ainsi que les osselets de l'oreille interne (La Ferrassie, Dordogne ; Arcy-sur-cure, Bourgogne) sont comparables aux nôtres, à quelques détails près. Les moulages endocrâniens du cerveau, ou plus exactement de son enveloppe méningée, ne sont guère explicites sur la topographie des aires corticales. La seule trace apparente est l'empreinte du Cap de Broca, renflement situé en avant de l'ouverture de la scissure de Sylvius, qui n'est en partie discernable que chez l'adulte et non chez le fœtus ni chez l'enfant. Cette formation était présente chez les Hommes de Néandertal, et il semble qu'il devait en être ainsi chez *Homo erectus*. Selon Philippe Liebermann, les Néandertaliens ne pouvaient émettre certains sons (*a,i,u*), mais il a été démontré que ses conclusions reposaient, comme nous l'avons précisé, sur une reconstitution erronée de la base du crâne et sur une situation inexacte de la position présumée du larynx. À ce stade de notre évolution, on assiste à l'expansion du pariétal, correspondant à l'augmentation des « zones associatives de Wernicke », synchrones de l'acquisition d'un outillage plus complexe qui exigeait une compétence technique. La présence d'outils façonnés et non obtenus au hasard, implique l'existence du concept de la forme qui suppose une désignation.

Si le langage proprement dit est parfois considéré comme spécifique d'*Homo sapiens*, il est plus que probable qu'un système de communication structuré par des signaux sonores et par symboles ait pu fonctionner très tôt chez ses prédécesseurs les plus anciens. La production et l'usage du feu existaient depuis 300.000 ans au moins, ce qui sous-entend une vie sociale qui a dû favoriser le développement d'un langage. Chaque langue fait appel à des signaux sonores propres. Les hommes peuvent communiquer entre eux par des sons non-articulés comme des onomatopées (Sumériens) ou des « clicks » (Boschimans), en exprimant les mêmes concepts qu'autre forme de langue parlée. Il en va de même pour l'expression graphique (idéogrammes, hiéroglyphes, signes divers, écriture) qui transmet, quelle que soit sa forme, les mêmes sentiments ou les mêmes idées.

Selon le linguiste russe Bunak, les premiers Hominidés disposaient d'un langage primaire, intermédiaire entre celui de l'homme et de l'animal. Ce langage, peu différencié, était constitué de mots, de propositions et d'un vocabulaire limité, dépourvu de grammaire et d'une syntaxe, ce qui s'accompagnait d'une intelligence réduite. Nous accordons davantage de crédit à l'anatomiste Viaud : « L'acquisition du langage trace une ligne de démarcation entre l'animalité et l'humanité »

Il existe trois entités distinctes qui ne peuvent être confondues : la phonation, la parole et le langage. Ces trois notions font intervenir des processus différents et correspondent à des étapes successives dans l'émission de signaux sonores, élaborés et intelligibles.

La phonation est la capacité d'émettre des sons et son amplification dans les cavités supra-laryngées. Elle existe chez tous les vertébrés. La pulsion de l'air émise par les poumons, produit des vibrations sonores au niveau du larynx, c'est-à-dire au passage des cordes vocales qui sont deux membranes

contractiles en fonction de leur tension régie par les centres nerveux. L'acquisition de la bipédie a permis au larynx et à l'os hyoïde de s'éloigner du voile du palais. La glotte et l'épiglotte sont ainsi séparées par un petit espace, le pharynx, structure propre à l 'Homme qui rend possible la phonation.
L'appareil phonatoire ou résonateur permet, par sa fonction modulatrice, la transformation des sons en phonèmes puis en paroles. L'articulation résulte de l'action motrice de plusieurs organes, à partir des zones correspondantes du cortex cérébral, ce qui implique un ajustement et un contrôle sensori-moteurs. La langue et la musculature des lèvres permettent le passage de certains sons émis par la vibration des cordes vocales dans le larynx. Les fosses nasales peuvent s'isoler et se fermer, et dans un tel cas, l'air expulsé passe en dérivation à travers la bouche. Cette articulation qui permet la transformation des sons en phonèmes, est propre à l'espèce humaine. Lors de la production d'une voyelle, le passage de l'air laryngé n'est jamais obstrué, alors que dans le cas d'une consonne, le passage est plus ou moins resserré en divers points du conduit vocal. Les langues actuelles témoignent d'une grande variabilité concernant le nombre des consonnes, des voyelles, et des phonèmes, mais aucune langue n'exploite la totalité des potentialités de l'appareil vocal humain. Il en résulte l'absence présumée, à tord, de certains phonèmes chez les hommes de Néandertal, ce qui n'est guère une preuve de l'absence de langage.

La parole est la capacité d'émettre non seulement des sons à travers le larynx, mais de les ordonner et de les articuler, grâce aux organes qui constituent l'appareil phonatoire ou résonateur : la langue, les lèvres, les joues, les fosses nasales.

La capacité phonatoire dépend d'un ensemble de gènes homéobox, (les gènes HOX) qui gèrent l'identité cellulaire de l'axe cranio-caudal des animaux à symétrie bilatérale comme les arthropodes ou les vertébrés. Ils ont été reconnus sur le tube neural de l'embryon de la souris où ils jouent un rôle déterminant dans le contrôle génétique du développement embryonnaire. Chez les vertébrés, il existe quatre complexes homologues de gènes HOX, chacun d'eux étant porté par un chromosome différent. Ces gènes gèrent l'organisation du squelette. Par exemple on leur doit d'avoir la tête en haut du corps et les doigts à l'extrémité des mains.

Au niveau de la tête, ces gènes intéressent sa partie postéro-inférieure qui s'ossifie à partir d'un support cartilagineux, comme le reste du squelette, à l'exception de la voûte crânienne, d'origine membraneuse (Fig. 63). Ces gènes peuvent subir des mutations intervenant dans certaines anomalies du développement (craniosténoses) comme par exemple le syndrome de Crouzon qui intéresse 1 cas sur 50 000 naissances où la fusion prématurée des sutures crâniennes est associée à des anomalies des membres. La morphologie de la face est fortement altérée : strabisme divergent, yeux écartés et globuleux, réduction du volume des maxillaires, cécité consécutive à une hypertension intra-crânienne. Les lèvres sont épaisses, notamment la lèvre inférieure, le palais arqué. Les organes des sens sont altérés avec un profond déficit mental. Le conduit vocal et ses relations étroites avec la base du crâne et la colonne cervicale sont fortement affectés : de telles mutations du gène HOX interdisent toute possibilité d'émission de la parole.

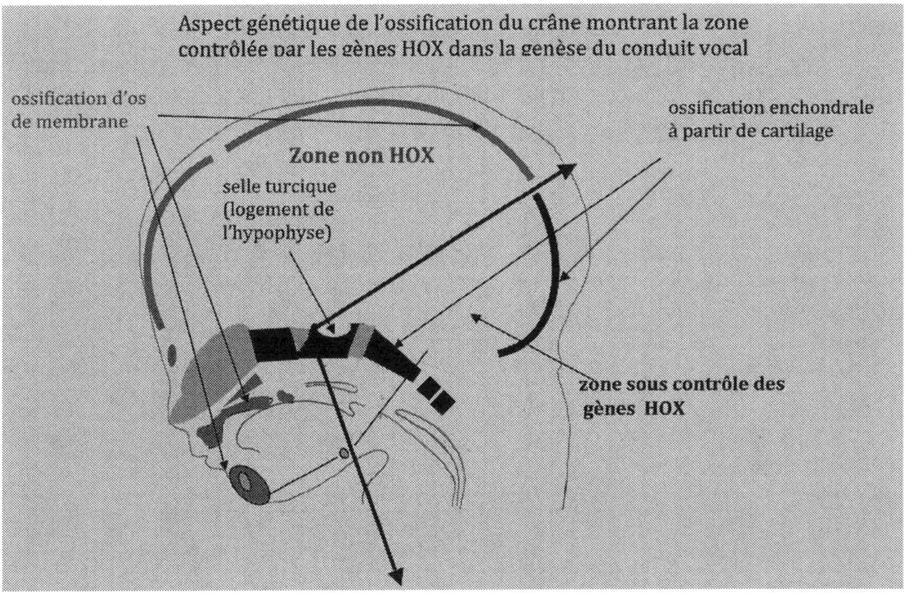

Fig. 63. Les zones du gène HOX. (Benoit, 13e Congrès de la Sté de Biométrie Humaine, (2006) Paris.) Modifié J-L Heim.

Le langage concerne l'agencement des sons produits, de telle sorte qu'ils aient dans leur succession un sens traduisant la pensée. Ils doivent être ordonnés selon une syntaxe qui rend compréhensible l'émission des mots du fait de l'intervention du cortex cérébral. Le langage vocal humain est davantage qu'un assemblage de sons complexes. Il fait intervenir des signaux combinés selon un système symbolique : l'activité mentale syntactique de communication est la capacité de concevoir une combinaison d'actes symboliques (mots, gestes, écriture) qui peuvent être associés pour créer une phrase. La base nerveuse fondamentale, fait appel à une expansion des centres moteurs et sensoriels, à une élévation numérique des connexions permettant l'étendue et l'expressivité des articulations, ainsi que des zones de coordination et d'association au niveau du cortex, grâce auxquelles les symboles sont compris.

RECONSTRUIRE LA CAPACITE DE PAROLE CHEZ LES HOMMES FOSSILES : ESPOIR OU ILLUSION ?

Si l'on ne dispose que du crâne et de la mandibule d'un hominidé fossile, est-il possible d'estimer la géométrie de son conduit vocal ? En supposant que cet humain possédait, pour sa langue, ses lèvres et sa mâchoire, les mêmes capacités potentielles de contrôle moteur que celles des hommes modernes, peut-on prédire l'ensemble des sons de parole qu'il aurait pu produire ? Peut-on étendre cette problématique à l'anthropologie et à la paléontologie humaine, et faire avancer le débat sur les compétences vocales potentielles de nos prédécesseurs fossiles les plus récents, les Hommes de Néandertal.

Fig. 64. Schéma montrant la situation du conduit vocal. (doc.L-J Boë)

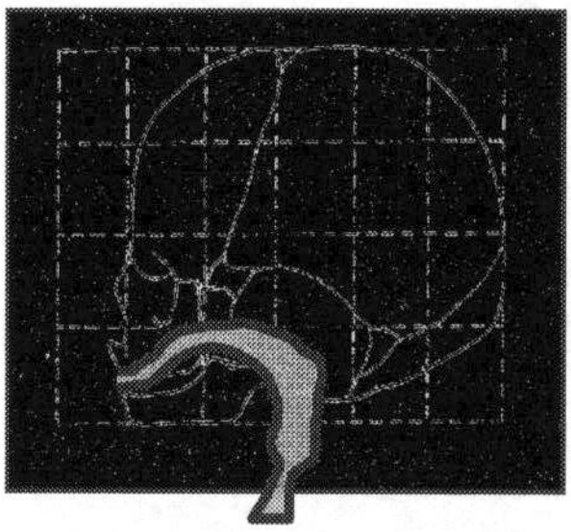

Chez le **nouveau-né**, la hauteur du larynx est courte comparativement à la longueur de la cavité orale. L'indice de hauteur du larynx est de l'ordre de 0,5.

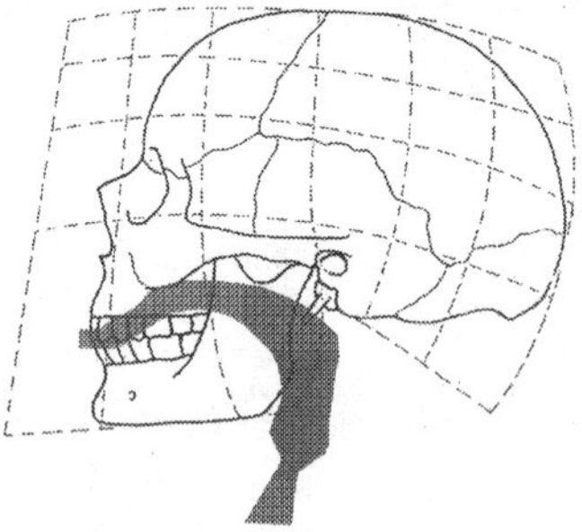

Chez **l'Homme moderne adulte** de sexe masculin, les deux dimensions ont à peu près la même valeur avec un indice proche de 1 plus faible toutefois chez la femme (0,86).

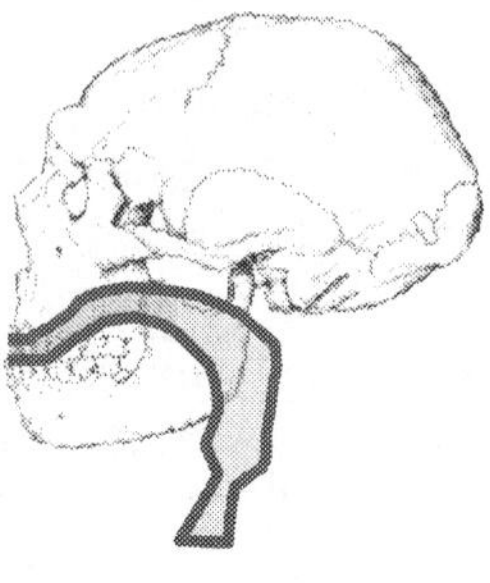

Chez **l'Homme de Néandertal**, à une hauteur du larynx, sensiblement comparable à la nôtre, la longueur antéro-postérieure de la cavité orale, est supérieure du fait de la projection de la face qui caractérise ces populations fossiles. Aussi l'indice de hauteur du larynx est plus faible (0,70-0,72).La seule considération de l'indice, sans tenir compte de la saillie du massif facial, est à l'origine des interprétations erronées qui supposaient que les Néandertaliens avaient un larynx plus haut que le nôtre comme le nouveau-né ou le chimpanzé, et que de ce fait ils ne pouvaient pas parler.

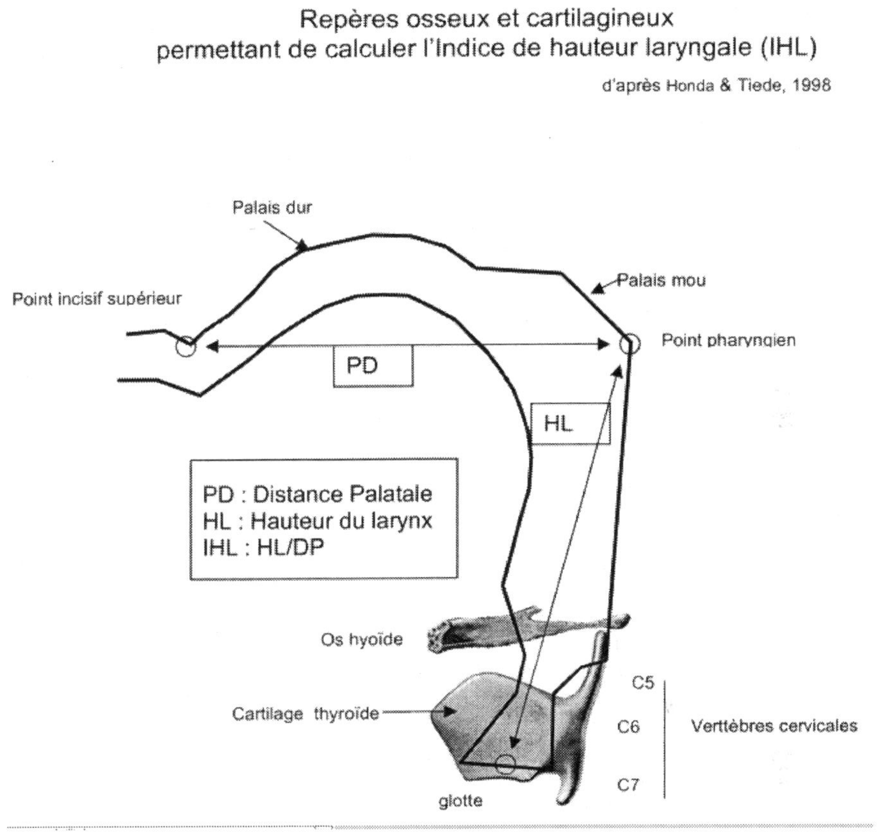

Fig. 65.

Est-ce à cause des capacités acoustiques de leur conduit vocal, que les grands singes et les nouveau-nés humains ne peuvent produire des sons de parole ? La descente du larynx (et par conséquent l'élargissement du pharynx) est-elle une condition impérative pour être capable de prononcer des mots comme cela a été avancé ? On peut supposer, en revanche, que des capacités cognitives suffisantes permettent de tirer parti d'un instrument vocal avec un pharynx peu allongé.

L'anatomie de la base du crâne, de la mandibule et des apophyses mastoïdes et styloïdes, sur lesquelles s'insèrent les muscles qui participent à la suspension de l'os hyoïde (muscles digastrique postérieur, stylo-hyoïdien et styloglosse), doivent permettre l'estimation de la position du larynx et de reconstituer les dimensions du pharynx.

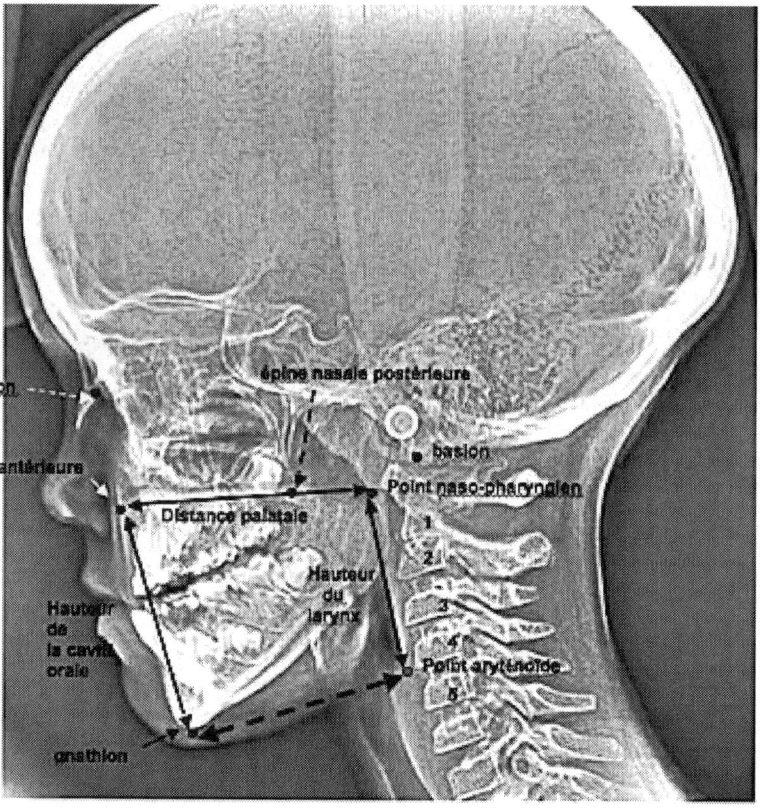

Conduit vocal :
distance palatale 125 mm
hauteur pharynx(59 mm)

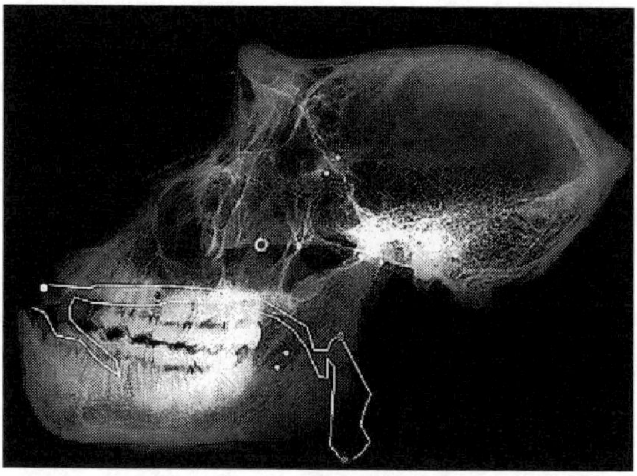

Indice de hauteur du larynx : 0,47
chimpanzé adulte

Nouveau-né humain
Conduit vocal :
Dist. palatale (DP): 60 mm
Hauteur pharyngale (HP) : 25 mm
IHL = 0,5

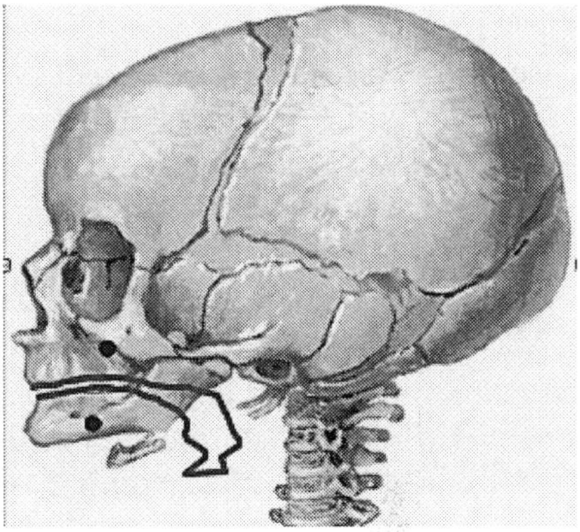

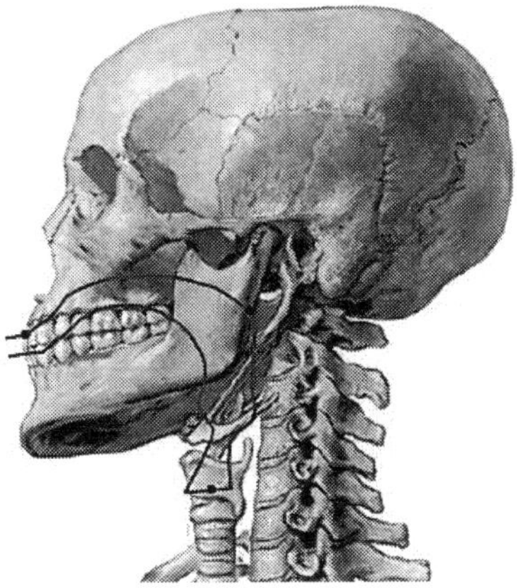

Homme actuel
conduit vocal :
DP : 91 mm
HP = 93 mm
IHL = 1,03
Chez la femme :
Dist. Palatale : 86 mm
Hauteur Pharyngale : 75 mm
IHL 0,85

Fig 66. L'indice de hauteur du larynx
(d'après Louis-Jean Boë).

La position de l'os hyoïde par rapport à la mandibule et à la base du crâne (et donc par rapport à la colonne vertébrale), est relativement stable chez le sujet au repos puisqu'elle dépend des insertions musculaires et ligamentaires qui relient ces parties du corps, ainsi que du degré de courbure de la colonne vertébrale, liée à la bipédie. L'examen de l'os hyoïde devrait apporter de précieuses informations, mais ses dimensions réduites et sa fragilité affectent sa conservation et sa fossilisation. Marcellin Boule avait noté dans sa monographie sur l'Homme de La Chapelle-aux-Saints (1913, 1921), que la disposition des apophyses géni et des empreintes digastriques, à la base de la face interne de la mandibule, n'étaient pas fondamentalement différentes de celles de l'Homme moderne.

Contrairement à certaines idées préconçues sur les apophyses géni qui forment des éminences plus ou moins prononcées siégeant sur la face interne de la symphyse mandibulaire, j'ai démontré que les Néandertaliens étaient pourvus de ces formations sur lesquelles s'insèrent les muscles génioglosses et géniohyoïdiens, qui permettent les mouvements d'avant en arrière de la mandibule au cours de la parole.

A la suite de la nouvelle reconstitution du crâne de l'Homme de la Chapelle-aux-Saints, j'ai pu montrer que la position de la tête et la base du crâne ne différaient guère de celles de l'homme actuel pour ce qui concerne l'attitude au-dessus de la colonne vertébrale. Le larynx du Néandertalien devait, selon toute vraisemblance, occuper la même position que celle des Hommes modernes. Les fouilles entreprises par une équipe franco-israëlienne sur le gisement de Kebara en Israël, ont mis au jour l'os hyoïde d'un homme de Neandertal vieux de 60.000 ans, fait exceptionnel en paléontologie humaine. Ce petit os, en forme de fer à cheval, reçoit l'insertion des muscles qui contribuent à la phonation ; l'étude de cet os a confirmé nos précédentes conclusions : les Hommes de Neandertal avaient les capacités phonatoires nécessaires pour disposer d'un langage articulé.

Il reste désormais à savoir s'ils possédaient le contrôle moteur de leur cortex cérébral pour produire la parole avec la construction de mots et de phrases impliquant l'organisation d'une syntaxe. La seule anatomie de leur encéphale ne permet pas de répondre de façon absolue, bien que le Cap de Broca, le territoire cortical de Wernicke et l'invagination du lobe de l'insula présentent, avec le cerveau humain moderne de nettes similitudes. En revanche, la topographie vasculaire méningée présente chez eux des quelques différences qui les rapprochent plutôt d'*Homo erectus* (notamment des Sinanthropes). Quelle valeur doit-on accorder à de telles dispositions en matière cognitive, voire conceptuelle ? On ne peut apporter pour l'instant la moindre réponse. La connaissance de leur environnement socio-culturel, de leur mode de vie, de leurs compétences techniques en matière d'outillage, de leur maîtrise du feu, du choix et de l'aménagement de leurs habitats temporaires ou permanents, de leur collaboration nécessaire à la chasse au gros gibier, de leur souci d'inhumer certains de leurs défunts, sont autant d'éléments explicites pour admettre que leurs capacités de communication avaient largement dépassé le simple stade du cri.

"Au commencement était le Verbe" (Evangile selon Saint Je

XV

LES BASES ETHOLOGIQUES DU PHENOMENE SOCIAL (LES RACINES BIOLOGIQUES DE LA CONSCIENCE)

L'espèce humaine n'est pas la seule à vivre en société. Les insectes offrent maints comportements sociaux : abeilles butineuses, cirières, guerrières ou pondeuses (reines) ; termites ; fourmis moissonneuses, pour n'en citer que quelques uns. On peut multiplier les exemples chez les oiseaux et les mammifères, mais les primates retiendront plus particulièrement ici notre attention.

OBSERVER L'ANIMAL POUR MIEUX COMPRENDRE L'HOMME

Comme tous les primates, l'homme vit en société, quelle que soit sa nature, ses modalités et ses besoins. Notre évolution, qu'elle soit physique, psychologique, comportementale et culturelle, n'a pu se dérouler indépendamment du contexte social. L'Homme dépend de la société qui, non seulement lui dicte ses règles matrimoniales, et de ce fait régit sa constitution génétique, mais permet à son cerveau de développer ses fonctions essentielles par la communication entre individus, l'apprentissage et l'affectivité.

Dans le cas du genre humain, la quête pour la survie, la nourriture et la reproduction, constitue un besoin instinctif qui implique une organisation communautaire. Le régime alimentaire a exercé un rôle primordial. Le passage d'une diète exclusivement frugivore à une alimentation plus riche en protéines, grâce à un apport carné, représente un des facteurs de l'hominisation sociale. La chasse et la protection du groupe impliquent une étroite collaboration entre les individus et une répartition spécifique des activités. Si l'animal adulte peut vivre en troupe, grâce à son code génétique, ce qu'on appelle « l'inné », l'humain le réalise car son environnement social, « l'acquis », lui en a donné les règles, les informations et les moyens nécessaires.

Bien qu'il demeure mal connu, le phénomène social est d'une manière générale inféodé à deux facteurs synergiques : d'une part l'appétition sociale, c'est-à-dire la pulsion innée vers le congénère, la nourriture, l'eau et le partenaire sexuel, et d'autre part l'inter-attraction par laquelle chaque membre du groupe représente une source de stimuli pour les autres individus.

Chez les invertébrés, le phénomène social est réduit à des stimuli visuels, olfactifs ou sonores.
Chez les mammifères, le déterminisme social est plus complexe, bien que les sensations olfactives représentent l'élément essentiel (marquage des territoires par l'urine ou par les glandes péri-anales). On retrouve cette attitude chez les prosimiens, mais les stimuli sont plus nombreux et diversifiés chez les singes proprement dits et chez les anthropoïdes avec la réduction de l'odorat au profit de la vision, du toucher, et de l'émission de signaux sonores plus différenciés, comme les vocalisations.

Chez les primates, on trouve un certain nombre de traits concernant le comportement social. Leurs communautés sont organisées sur la vie en petits groupes, au sein d'un territoire où ils trouvent leur nourriture en commun. Rien ne les oppose aux hommes préhistoriques ou à de nombreuses tribus actuelles. Contrairement aux espèces « nidifuges » chez lesquelles les jeunes quittent précocement leur mère, les primates sont « nidicoles » et passent la première partie de leur existence sous la dépendance totale des parents, qu'ils abandonnent ensuite, dès qu'ils acquièrent leur autonomie. L'homme en fait autant. Si les primates déposent après leur naissance leurs petits dans le nid comme les oiseaux, les jeunes sont portés sur le dos ou accrochés à l'abdomen de la mère. Ce port exerce un rôle physiologique, non seulement dans la nourriture et l'homéothermie, mais également, en éveillant le système sensoriel et l'affectivité du jeune animal. Là non plus, rien ne différencie l'humain de l'animal. (Fig .67).

Fig. 67. Le portage du jeune chez l'écureuil et la femme.(photo J-L Heim)

Le besoin du comportement des primates du jeune pour sa mère, exprime une nécessité fondamentale à savoir la sociabilité.

La structure sociale implique une organisation qui permet de répondre aux besoins du groupe comme la quête de la nourriture, l'instinct de reproduction et la recherche de la sécurité. Elle offre un certain nombre d'avantages. L'organisation sociale des primates fait d'abord appel à la défense mutuelle contre les prédateurs ainsi qu'à la dominance et à l'agressivité obtenues par l'agilité, la force ou le nombre (Fig. 68). Chez les formes terrestres, plus vulnérables aux prédateurs que les formes arboricoles, la troupe est centrée autour des jeunes et des femelles. Les mâles se répartissent à la périphérie, c'est-à-dire entre le danger et les autres membres du groupe, et répondent, grâce à leurs caractères sexuels secondaires (fortes canines par exemple), à l'attaquant éventuel. Une telle structure offre une stratégie de défense supérieure à celle de l'animal isolé.

Fig. 68.Troupe de babouins avec mâles, femelles et jeunes. (d'après De Vore).

L'instinct de territorialité chez les primates permet la protection d'une zone géographique déterminée pour assurer l'alimentation nécessaire à la troupe. Ceci empêche par contrecoup l'hyper-exploitation des ressources ainsi que la confrontation avec d'autres troupes, notamment chez les formes terrestres qui occupent des zones plus vastes que les singes arboricoles. L'absence d'une structure sociale du super-groupe accentue la compétition inter-groupes : chaque groupe devient un rival à l'égard duquel les relations s'avèrent antagonistes, voire conflictuelles. Les conduites sexuelles, ainsi que les relations entre la mère et le jeune, concernent les relations de contact et l'apprentissage. L'épouillage, qui constitue une attitude habituelle chez les primates et ne saurait surprendre de nos jours dans bien des villages, débarrasse l'animal de ses parasites. Il représente aussi un signe d'affection ou d'amitié. Il se pratique chez deux partenaires sexuels, aussi bien qu'entre mère et enfant.

L'apprentissage des jeunes dépend de la mère pour ce qui touche la nourriture et la prédation. Il s'effectue aussi à partir des autres membres de la troupe. En ce cas, la transmission concerne des informations plus diversifiées puisqu'elle résulte de l'imitation de comportements réactionnels devant un stimulus qui frappe le groupe.

Aussi la division du travail apparaît-elle comme une obligation car l'action individuelle devient dès lors une nécessité qui permet à la troupe ou à la famille de survivre. On retrouve chez les primates l'existence de castes telles qu'elles existent dans le monde animal, et dont le rôle est établi par des fonctions spécifiques : entretien et alimentation des jeunes, reproduction, défense, construction du nid.

Dans certaines circonstances, la formation des groupes sociaux de primates répond à des conditions écologiques comme c'est le cas d'un environnement découvert, comme la savane, où l'accès à la nourriture est plus difficile que dans l'environnement forestier. De telles conditions favorisent la monoandrie, c'est-à-dire la constitution d'un groupe autour d'un seul partenaire sexuel mâle. C'est le cas des babouins et des hamadryas d'Ethiopie. Ces singes dorment par groupes de plusieurs centaines d'individus (jusqu'à 700) dans des rochers ou au sommet des arbres, garantissant par une telle promiscuité leur sécurité. Au réveil, ils se regroupent en unités familiales d'une cinquantaine d'individus, avant de se diviser en groupes plus réduits, de type familial, avec un mâle et plusieurs femelles. L'activité sexuelle des mâles est limitée à leurs propres femelles (monogamie) malgré la présence d'autres femelles en état de rut.

Chez le gibbon, la présence d'un seul mâle est exceptionnelle. Le couple existe, mais n'offre guère cette complémentarité des tâches qui définit les groupes terrestres, chaque partenaire étant capable de trouver sa nourriture dans les arbres. Le couple de gibbons, lié par des nécessités territoriales et sexuelles, correspond davantage à une « troupe » réduite à sa plus simple expression. Cet état de choses est dû à l'agilité de l'animal et à son habitat arboricole, ce qui le met à l'abri des prédateurs.

Chez les autres singes, la troupe varie de 2 à 700 individus avec une moyenne comprise entre 10 et 90. Les troupes les moins nombreuses se rencontrent chez les formes arboricoles où elles ne comportent que le couple et les jeunes, moins exposées aux prédateurs que les formes terrestres. En revanche, les groupes les plus nombreux n'existent que chez les singes terrestres, dont le dimorphisme sexuel et l'agressivité sont plus accusés.

On serait tenté de déduire que les premiers humains constituaient des regroupements relativement nombreux, plutôt que des familles. Or, il semble que ce n'était pas le cas.

Les sociétés humaines sont en effet bien différentes.

L'HOMINISATION SOCIALE

Si l'on retrouve dans les sociétés humaines l'expression des mêmes besoins physiologiques que chez nos cousins primates, elles en diffèrent par le fait qu'elles reposent sur la tradition, l'apprentissage, l'affectivité, en raison d'une attitude qui garantit un équilibre entre l'égoïsme par excès d'individualisme, et la réduction ou la disparition de la liberté, par trop de socialisation.

Les hommes préhistoriques ont conservé durant la quasi-totalité de leur histoire un comportement de prédateurs avec la chasse et la cueillette comme uniques ressources alimentaires. Leurs sociétés se réduisaient à la famille ou au clan. Les premiers hominidés (*Australopithecus*, *Homo habilis*, *Homo erectus* archaïque) tiraient leur nourriture de charognes, de la chasse, d'abord aux petits animaux, puis au gibier plus gros, comme de la cueillette de racines et de fruits sauvages. Une telle organisation de la vie sociale implique des groupes diffus qui comprennent chacun au moins une famille avec un mâle adulte. Comme chez les babouins, qui vivent dans des espaces découverts, l'apparition de la structure familiale humaine, organisée autour d'un seul mâle dominant (monoandrie), était rendue nécessaire pour affronter des conditions pauvres en ressources alimentaires avant le recours à la chasse.

Dès la fin du Pléistocène inférieur et au Pléistocène moyen, c'est-à-dire dès le stade *Homo erectus* aux alentours d'un million d'années, la chasse aux animaux plus gros a nécessité une cohésion plus intime entre les chasseurs, un outillage diversifié et mieux approprié, ainsi qu'une répartition spécifique des activités. Bien que participant en compagnie des enfants à certaines tâches cynégétiques limitées aux petits animaux ou à la cueillette des fruits et des racines, les femmes ont acquis peu à peu leur rôle spécifique et leur place dans le groupe, en devenant dépendantes des hommes pour l'obtention de la nourriture. La chasse au gros gibier est sans doute le fait des hommes. En revanche, l'augmentation probable de la durée de la vie, et de la durée de la dépendance enfantine, (la maturité du jeune enfant était plus tardive que celle des primates non humains), a entraîné la mobilisation des femmes aux tâches domestiques et éducatives.

L'utilisation puis la domestication du feu ont apporté, il y a 400.000 ans, non seulement éclairage, chaleur et cuisson des aliments, mais une protection supplémentaire contre les animaux prédateurs, en confortant la promiscuité entre les membres du groupe et de la famille, en favorisant le développement des relations inter-individuelles, de l'apprentissage, du langage et de la tradition.

Ce schéma a probablement été à l'origine des comportements humains, durant plusieurs centaines de milliers d'années, car il devait correspondre à des conditions d'existence relativement stables, et à un mode de vie répondant aux mêmes exigences vitales.
C'est à partir de la fin du Paléolithique supérieur, vers 10.000 ans, et surtout au Néolithique, que se sont développées des sociétés comparables à nos sociétés modernes, qui tiraient leurs ressources de la production et de la consommation, grâce à l'agriculture et à la domestication aux dépens de la chasse et de la cueillette, et du fait de la thésaurisation de l'énergie.

La famille humaine ou molécule sociale

La famille humaine constitue par son essence une unité sociale qui repose sur la division des tâches, en maintenant une complémentarité entre les partenaires. Elle constitue également une institution économique au-delà de son rôle dans la reproduction, les relations affectives et la territorialité.

La formation des sociétés humaines répond aux mêmes conditions requises chez les primates terrestres, la recherche de la nourriture, de partenaires sexuels et de la sécurité, en réponse à des conditions écologiques comme la précarité alimentaire en milieu découvert. Dans de telles conditions, la nourriture est obtenue grâce à la dispersion du groupe (ramassage, cueillette), puis par le travail d'équipe, (chasse au plus gros gibier).
Il en résulte un nouveau type de structure sociale renforcée par les relations « politiques » et sexuelles. Le groupe socio-familial constitue un compromis, les femmes élevant les enfants et recevant en échange nourriture et protection. Par cette complémentarité avec les hommes (chasseurs), le couple apparaît comme un lien entre les descendants d'autant plus indispensable que la chasse représente l'activité économique principale.

Telle est la base de la société humaine à laquelle s'ajoutent d'autres développements, la culture, la tradition et certains tabous comme l'inceste. Son non-respect affecterait et altérerait l'unité du groupe en confondant les rôles sexuels et économiques, indépendamment du risque génétique. Le tabou de l'inceste favorise l'exogamie, c'est-à-dire la recherche de partenaires sexuels en dehors du groupe (familial ou clan).

Chez les primates, les différentes troupes ne se mélangent généralement pas et conservent ainsi une structure endogame, impliquant la recherche de partenaires au sein du groupe, du fait de la promiscuité.

Il en résulte une réduction de la variation génétique, puisqu'un nombre plus élevé de gènes se trouve exposé à la sélection naturelle, avec pour conséquence une diminution de la variation non-adaptative et donc de l'évolution potentielle de la population. Un groupe endogame comporte un grand nombre d'unités génétiques, ainsi la troupe n'est pas fermée.

Les mâles peuvent quitter le groupe pour mener une vie solitaire s'ils sont âgés, ou s'incorporer à une nouvelle troupe, en favorisant ainsi le passage de quelques gènes d'une troupe à l'autre.

Les sociétés humaines préhistoriques les plus anciennes sont composées de groupes comprenant en principe de 20 à 50 individus qui régissent un territoire nutritionnel comparable à celui des autres primates. Les membres du groupe exercent un rôle social en relation avec la chasse et la cueillette, l'aide aux sujets âgés et les soins aux malades. On a décrit plusieurs cas chez les hommes préhistoriques dont la survie de l'individu handicapé a pu être assurée grâce à l'aide du groupe, à la suite d'une infirmité accidentelle par exemple.

La structure sociale humaine est fondée sur des liens de parenté et sur les unions monogames, le mariage représentant un contrat non seulement entre individus mais aussi entre groupes descendants.

L'exogamie, en dehors de la famille, est la règle générale chez l'Homme, mais s'exerce au sein de la tribu, d'où la constitution de familles analogues aux troupes des primates. Les modalités des unions sont différentes et permettent un développement secondaire, à partir d'un groupe monoandrique. Les groupes sociaux humains sont plus grands numériquement que les primates, ce qui étend les bases économiques et territoriales et favorise l'exogamie.

Les relations entre les groupes ne reposent pas toujours sur la rivalité et peuvent être amicales, puisqu'il existe une structure sociale, et que des relations « politiques » se développent entre descendants qui échangent des liens matrimoniaux.

Du biologique au social

La genèse des sociétés humaines passe par un certain nombre de stades et implique plusieurs conditions.

Le point qui semble prédominer est l'existence chez l'Homme d'une lente maturation du squelette, du système nerveux central et des fonctions cérébrales, ce qui entraîne une enfance longue qui représente en moyenne plus du quart de la vie de l'individu (cf.Fig 32, page 70). Au cours de cette période, l'enfant et l'adolescent demeurent dépendants des adultes et réceptifs à un apprentissage qui leur permet d'acquérir leurs fonctions psychiques, sociales et leur affectivité, ainsi que leurs capacités techniques.

Avec l'apparition de l'espèce humaine, on constate une atténuation du dimorphisme sexuel dans la morphologie corporelle et dans la denture, sans régression de l'action hormonale, pouvant trouver son origine dans l'usage d'outils et d'armes, ainsi que dans la structure sociale qui réduit la rivalité entre mâles. L'augmentation du contrôle cortical régissant le comportement sexuel, est fonction de l'augmentation du nombre de stimuli. L'activité sexuelle n'est plus limitée à la seule période de l'œstrus qui ne conserve que sa périodicité reproductrice chez la plupart des primates.

Dans l'espèce humaine, elle se confond avec l'affectivité et dépasse les besoins de la survie de l'espèce. L'absence de nécessité d'un regroupement sexuel périodique, innove l'un des fondements du comportement social initial, c'est-à-dire le comportement individuel et le choix du partenaire. La défense individuelle et la recherche de partenaires sexuels, pour le meilleur ou pour le pire, s'ajoutent dans l'espèce humaine à la recherche de l'économie.

La famille tend vers un groupe restreint, comprenant au départ le couple et les descendants directs, en réponse à des besoins économiques. La composition familiale se confirme, grâce à la structure des liens de parenté, au tabou de l'inceste et à la division du travail suivant l'âge et le sexe. La compétition cède le pas, dans l'espèce humaine, à la coopération économique par l'union entre partenaires ou le mariage institutionnel. La compétition alimentaire est remplacée par le partage de la nourriture, lié à la générosité et au comportement social, aux traditions, à l'éducation et aux coutumes. Les conflits de dominance sont remplacés par les liens de parenté ou de relations affectives, en tant que mécanismes d'organisation sociale, bien que la hiérarchie dominante puisse persister en de nombreux cas entre les individus.

XVI

LA GENESE DU COMPORTEMENT HUMAIN

Notre comportement est-il, comme le présumait Darwin, le prolongement et l'aboutissement de comportements présents avant l'apparition de l'Homme, ou constitue-t-il, au contraire, une innovation par rapport aux autres animaux ? Retrouve-t-on dans les conduites humaines les racines de l'état animal ?

Le comportement humain résulte de l'interaction de facteurs biologiques, sociaux et culturels. Si les deux premiers ne sont pas l'apanage du genre humain, en revanche, le troisième n'existe que chez l'Homme.

Les psychologues ont tenté d'expliquer le comportement humain à partir des conduites animales, ce qui n'a pas abouti à des explications fiables. En effet, s'il existe quelques bases communes inhérentes à la survie de l'espèce, comme l'obtention de la nourriture, la sexualité, l'attitude face au danger, les conduites humaines ne constituent nullement le prolongement de celles des animaux dans la mesure où ces dernières dépendent, dans leur essence même, du code génétique. Chez l'Homme, la part des conduites acquises et transmises par l'apprentissage et la culture, l'emporte sur les conduites instinctives, programmées génétiquement.

L'ensemble des transformations biologiques et anatomiques par lesquelles la spécificité humaine au sein de l'Ordre des Primates a pu s'affirmer, ne repose pas uniquement sur le résultat de milliers de mutations qui entraînent en fin de compte, sur notre évolution, des conséquences à la fois limitées et très lentes. La véritable nature de l'Homme résulte de la mise en place de comportements qui se sont largement affranchis des conduites animales.

Dans le monde des insectes, par exemple chez les hyménoptères prédateurs, comme les abeilles ou les frelons, le comportement s'exprime avec une certaine tolérance à l'égard des variations du milieu, mais demeure, pour l'essentiel figé et programmé sur l'ADN chromosomique. La toile d'araignée ou les alvéoles des abeilles en offrent des exemples facilement observables.

Le comportement des vertébrés est moins rigide car il répond à un nombre plus élevé de stimuli, ce qui élargit leur univers perceptif dans la mesure où l'animal traite lui-même l'information qui lui parvient, et élabore des réponses en fonction de cette information. La conduite n'est que partiellement programmée par l'ADN : c'est le cas des oiseaux chez qui la confection du nid répond aux pulsions liées aux hormones sexuelles. Le comportement peut résulter également d'un besoin acquis par imitation pour répondre à certaines nécessités alimentaires. Pour obtenir des noix, les corneilles ont trouvé le moyen de les casser en les faisant rouler sur la route, de même qu'en plein hiver, quand son barrage est gelé, le castor saisit des pierres qui lui servent d'ascenseur pour chercher sa réserve de nourriture au fond de l'eau. Ce sont des conduites qui ont déjà dépassé la seule attitude instinctive et constituent le prélude d'une certaine forme de « raisonnement » à la fois empirique et acquis par imitation.

Les Primates fournissent des exemples comparables, voire plus élaborés. Chez eux, le rôle du caractère inné et automatique du comportement est réduit par rapport aux autres mammifères. Le chimpanzé confectionne son nid, en réponse à des médiateurs chimiques libérés au cours de la journée et qui déclenchent la conduite « construction du nid ». C'est une réaction automatique comme la peur de la panthère, de l'eau, du serpent ou la quête de la nourriture. En revanche, si la capture des termites avec une baguette ou une brindille peut être acquise par imitation, elle semble constituer une conduite innée : à l'état sauvage, le chimpanzé choisit des tiges ou des branches de format adéquat, pour attraper des termites dans le creux d'un tronc d'arbre ou une termitière, comme avec une canne à pèche. Si des brindilles latérales entravent l'introduction du morceau de bois dans la termitière, le singe les enlève (imitation possible), mais il peut choisir une autre baguette par essai-erreur jusqu'à ce qu'elle satisfasse son besoin (conduite innée). En captivité, il prolonge un bâton par un autre pour obtenir une longueur suffisante. Il ne le fait pas à l'état sauvage.

Ces exemples montrent que la frontière entre l'inné et l'acquis demeure théorique, d'autant plus qu'au sein d'une même espèce, les conduites sont différentes selon l'environnement. A l'état sauvage, les causalités apparentes et immédiates du comportement sont les seules que l'animal perçoit. La captivité et le contact avec les humains semblent favoriser un début de conceptualisation. Des recherches conduites au Japon sur l'éthologie des Primates sociaux ont mis en évidence l'apparition de traits « para-culturels », comme l'usage de la baguette pour lever une targette trop loin de la main, ou pour extraire une dent de lait, laver les aliments ou nager.

Ils font parfois appel à leur propre corps comme « outil », notamment pour boire en se servant du creux de la main (Gibbon), en se suçant la queue ou les mains trempées dans l'eau (Babouins), besoin qui peut être obtenu à l'aide d'un bouquet de feuilles comme chez le Chimpanzé, dépourvu de queue. La main est utilisée pour la préhension et la sustentation, mais aussi pour aider la sortie du nouveau-né, lors de l'accouchement, pour procéder à certains soins du corps (épouillage), et utiliser la communication gestuelle ou faciale. D'une façon générale, les primates utilisent des objets intermédiaires mais jamais d'outils au sens propre, puisque « l'outil corporel » ou l'objet brut demeure inchangé dans le temps et ne bénéficie d'aucune innovation ni d'aucun perfectionnement, hormis ceux qui peuvent apparaître par l'apprentissage ou le dressage au contact de l'homme.

L'avènement de l'humanité est marqué par le remplacement des conduites innées et automatiques, par un comportement acquis et par la progression de la tradition et de l'aptitude créatrice. Ces dernières apparaissent comme une compensation à la perte des conduites automatiques et héréditaires. Contrairement aux traits biologiques, l'information gérant le comportement humain indispensable à notre survie n'est pas inscrite sur l'ADN, et ne se transmet pas génétiquement. Elle réside dans l'information obtenue par l'environnement social, conservée et propagée par la tradition, et transmise d'individu à individu par la parole, les symboles et la culture. Ainsi, la réduction des conduites automatiques, que l'on peut mettre en parallèle avec le degré de cérébralisation, est devenue, dans l'espèce humaine, le facteur principal de son progrès, en délestant le cerveau de l'entrave de l'innéité exclusive, et en permettant un pouvoir d'adaptation étendu. Les contraintes sociales des humains sont moins rigides que le carcan dans lequel l'instinct maintient l'animal ou l'individu solitaire. L'homme est plus libre que l'animal dont le cerveau est alourdi « par le fardeau génétique de l'innéité » (P.P.Grassé).

L'Homme s'est en grande partie fabriqué lui-même en contribuant à l'enrichissement de son capital traditionnel. Sans une participation active à sa propre évolution, il aurait été voué à une disparition précoce.

Cette libération de la dépendance contrôlée par les gènes, est compensée par l'apprentissage et par l'environnement social, seules sources de progrès technique, puisque l'individu répond à ses besoins, et non par un processus automatique, dicté par sa constitution génétique ou par essai-erreurs, mais par une action, une pensée ou un choix qui relèvent de l'individu et de sa conscience.

Les Hominidés constituent une lignée isolée de celle des autres primates il y a environ sept à huit millions d'années au moins, bien que les premiers représentants de notre famille ne remontent guère au-delà de trois ou quatre millions d'années. Malgré sa lointaine séparation des autres primates, l'homme partage avec les catarhiniens (singes de l'ancien monde) les mêmes racines génétiques en dépit des différences accrues chez les formes terminales, chacune se spécialisant dans sa lignée.

C'est chez nos lointains ancêtres que résident les fondements de notre comportement. Mais comment retrouver des attitudes, des gestes ou des mœurs à partir de restes osseux, de crânes ou de dents provenant de formes humaines totalement disparues ? Les Hominidés actuels sont représentés depuis quelques dizaines de milliers d'années au plus, uniquement par *Homo sapiens* au sens large, dont les attitudes comportementales ne doivent guère différer beaucoup de celles de nos ancêtres directs. Il n'existe pas de modèle pré-humain vivant sur lequel nous puissions nous identifier à l'image comportementale ou psychologique des hommes qui nous ont précédés. Quant à la connaissance du comportement des premiers hommes, et, à plus forte raison de leur structure mentale, elle nous échappe totalement puisqu'elle n'est pas plus « fossilisable » que les croyances et les mythes qui animaient les peintres et graveurs préhistoriques dont les traditions orales se sont tues depuis plus de dix mille ans.

Toutefois, les os et les dents apportent quelques renseignements sur l'alimentation, la durée de vie, la pathologie ou le nombre d'individus ayant vécu dans un même site. Les meilleures références sont fournies d'un côté, par les données de l'archéologie préhistorique et de l'archéozoologie, disciplines développées parallèlement à la paléontologie humaine, de l'autre, par l'observation des primates dont le genre *Homo* fait partie, ne l'oublions pas.

Individuellement, le comportement du jeune chimpanzé évoque celui de l'enfant au cours des deux premières années de la vie (activités ludiques, affectivité, imitation). Les différences s'accusent ensuite avec la montée des hormones sexuelles chez le jeune singe. Le retard biologique de l'enfant par rapport au primate est responsable de cette dichotomie qui montre que les conduites humaines ne prolongent pas celles des grands singes, sauf pendant la plus jeune enfance. Avec cette précocité de la maturité chez le singe, le comportement programmé par son ADN reprend ses droits.

Dans le contexte social, le comportement des catarhiniens terrestres, comme le babouin ou le macaque, est probablement plus proche du nôtre que celui des singes anthropoïdes adaptés au milieu forestier, milieu qui n'a pas été celui de l'homme. Le meilleur exemple serait le singe des savanes (*Cercopithecus aethiops*) dont le comportement démontre le passage des conditions forestières à l'environnement plus ouvert des savanes. C'est la preuve que le milieu naturel et l'environnement exercent un rôle majeur dans l'apparition des besoins et le moyen d'y répondre par l'apparition d'un comportement approprié.

XVII

L'HOMME DU PASSE AU PRESENT

« L'Homme, c'est la possibilité d'être conscient d'avoir conscience »
(Dr.André Soulairac, professeur d'anthropologie psychologique à la Sorbonne).

L'Homme a fait une entrée tardive dans l'histoire du monde animal, et dans celle des primates, avec son allure redressée, ses outils de pierre, son organisation sociale, son esprit inventif et probablement sa conscience. Est-ce exceptionnel, si l'on se réfère aux soixante millions d'années qui séparent la différenciation des premiers primates, proches des insectivores ou des rongeurs par leur anatomie et leurs dimensions corporelles, de l'avènement du genre *Homo* qui inaugure, par la réflexion et son aptitude à maîtriser la nature, une phase unique dans l'histoire du monde vivant ?

Entre l'Hominidé à son stade d'ébauche et l'Hominidé inventeur, doué de la réflexion et conscient de ses actes, peu de choses ont changé pour le paléontologue et l'anatomiste : la bipédie était en partie ébauchée, voire même assurée chez les fossiles les plus anciens, la main était disponible par son organisation musculaire et nerveuse pour façonner des outils, le cerveau avait atteint un volume et une complexité, autorisant des performances jamais atteintes et qui devenaient réalisables.

Il faut attendre l'apparition des premiers outils de pierre, les seuls qui aient subsisté parmi ceux qui étaient périssables, pour que les effets d'un début de conscience et d'abstraction se fassent sentir dans la genèse du comportement humain. Faute de mieux, l'outil, symbole de l'invention et de la conscience, demeure jusqu'à la preuve du contraire, le témoignage le plus éloquent de la naissance de l'humanité.

La fabrication des outils a été précédée par un stade d'utilisation de la matière brute (pierres, bois, cornes, os, dents) impliquant des capacités d'intégration obtenues par la libération du membre supérieur et de la main, liée à une utilisation systématique, et par le développement du cortex (nouveaux centres corticaux et nouvelles fonctions sensitivo-motrices). C'est ce que le paléontologue sud-africain Raymond Dart avait appelé pendant un temps l'industrie « ostéo-donto-kératique » (os, dent, corne) pour désigner la nature des premiers outils des Australopithèques. Le début de la culture matérielle apparaît lorsque les objets bruts deviennent remaniés ou façonnés, au moment où la bipédie est devenue permanente.

La modification de la matière pour permettre un usage déterminé implique une capacité de raisonnement et la prévision du but. S'il existe une part importante des essais-erreurs, la fabrication de l'outil fait appel à un processus intellectuel, transmis par imitation aux générations ultérieures.

Elle exige une création, une représentation mentale et une pensée projective, ce qu'André Leroi-Gourhan appelle la « conscience technique ». Pour fabriquer un outil, il faut en posséder l'idée, c'est-à-dire l'invention et l'intention délibérée. C'est le concept de l'objet (intention, idée, valeur) qui détermine le comportement humain conscient car il fait appel à l'abstraction.

De l'usage de la matière brute (l'outil de premier ordre) à la confection d'un outil proprement dit (galets taillés, éclats), la démarche passe par l'apprentissage, la tradition, et la transmission de la compétence technique opératoire, d'une génération à l'autre. Cette transmission s'effectue par l'imitation des gestes, le choix des matériaux, puis par transmission orale. L'absence du langage articulé véritable n'a probablement pas été une entrave au développement de traditions culturelles simples, comme chez les tout premiers Hominidés, bien que parole et culture humaines soient réciproquement liées. Chez l'animal, certaines conduites, provoquées par l'apprentissage et l'imitation, sont le fait de la vie en groupes ou du dressage. Il s'agit d'un automatisme, contrairement à la culture qui exprime un comportement acquis et transmis par des symboles.

Les techniques culturelles ou les traditions ont évolué avec les besoins des groupes sociaux, indépendamment de l'évolution organique. Les changements de l'environnement sont plus rapides que l'évolution physique et biologique. Si cette dernière nécessite un temps assez long pour aboutir à de nouvelles combinaisons génétiques, l'adaptation culturelle peut se transformer d'une génération à l'autre et se répandre pour permettre des spécialisations aux différentes niches écologiques. L'homme n'est pas parfaitement adapté à son environnement. Sans sa culture, il serait demeuré à l'état animal.

Nous savons désormais que l'évolution biologique seule n'est pas suffisante pour expliquer l'apparition de l'Homme et pour comprendre les mécanismes qui ont régi notre histoire. Le rôle de l'environnement social mobilise l'acquis, en dehors de tout contrôle génétique et libère l'esprit de l'automatisme des instincts, progressivement estompé depuis les premiers représentants du genre *Homo*. L'acquisition des traditions a compensé la perte des conduites innées, ce qui a probablement fait appel à des remaniements génétiques susceptibles de faire apparaître de nouvelles fonctions cérébrales. Le cerveau humain a pu ainsi se « désanimaliser ».

Mais l'Homme a été plus loin. Par son pouvoir de décision et son aptitude à orienter son choix, il échappe en partie aux contraintes qui régissent le monde animal.

Avec *Homo*, apparaît une dimension que l'animal ignore, la raison. La raison, loin d'exclure le désir, se confond avec lui, pour permettre le choix. L'homme choisit son conjoint en fonction d'une attirance sexuelle. C'est une attitude conforme à sa nature animale. En tant qu'être social, il le choisit aussi en réponse à ses nécessités ou pour satisfaire aux exigences du groupe, ce qui réduit sur ce plan les comparaisons possibles à certaines espèces d'insectes sociaux et à quelques familles de primates supérieurs. Sur le plan individuel, hormis le coté occasionnel des rencontres, ou des impératifs sociaux ou économiques, il choisit le plus souvent son partenaire selon des critères qui échappent à toute règle apparente puisqu'ils répondent à des besoins profonds que seule une introspection attentive ou l'épreuve de la psychanalyse permet de déceler. En cela, l'Homme diffère totalement de l'animal : le choix humain est un choix délibéré et conscient, alors que celui de l'animal sauvage semble codé par ses molécules d'ADN et confondu avec l'instinct.

Par la raison et autant que par le besoin, l'Homme échappe aux barrières géographiques et écologiques auxquelles il demeurait encore inféodé, au début de son histoire. Limité à l'ancien monde jusqu'à la fin du Pléistocène, l'Homme s'est répandu sur presque toute la surface du globe. Par son intelligence et son langage, par son pouvoir d'abstraction et son esprit inventif, son habileté manuelle et ses techniques, il a su s'intégrer aux milieux les plus variés. Son aptitude à créer des conditions artificielles de survie, grâce à ses vêtements, à ses habitations et aux innovations qu'il a été capable d'imposer à son environnement, comme la maîtrise du feu, l'agriculture ou l'élevage, lui ont permis de disposer de nouvelles formes de ressources et de s'adapter à toutes les latitudes et à la plupart des biotopes. C'est en cela que l'Homme est un « animal particulier » (chapitre I, page 9).

Ses capacités techniques et ses besoins vitaux ont permis l'apparition de variétés biologiques nouvelles qui n'auraient jamais vu le jour sans une action délibérée. Entendons par cela les races végétales et animales issues de l'agriculture, de la domestication et de la biologie. *Homo sapiens* se comporte lui-même comme un être domestiqué. Malgré sa diversité originelle, il n'a jamais pu se diviser en groupes qui soient restés assez longtemps isolés les uns des autres, pour avoir pu engendrer des espèces de même valeur taxonomique que celles des autres primates. L'Homme n'a guère plus que deux ou trois millions d'années d'existence, contre soixante-dix millions pour les premiers primates, durée trop brève pour autoriser autre chose qu'un morcellement en « races » géographiques qui expliquent sa diversité. Les aptitudes sociales du genre humain et ses capacités de communication par le langage articulé, ont constitué les principaux facteurs de son unicité.

L'Homme ne subit pas seulement la nature, il la façonne et la transforme dans la mesure du possible, suivant ses propres besoins. Il échappe ainsi en partie aux aléas de l'évolution animale, grâce à son aptitude à modifier les processus de sélection naturelle par la médecine et la chirurgie, les fécondations *in vitro* ou les manipulations génétiques. Ainsi, avec *Homo sapiens* apparaît, pour la première fois dans l'histoire des êtres vivants, la possibilité d'un contrôle, sinon raisonné mais au moins intentionnel sinon aléatoire, de l'avenir génétique d'une espèce.

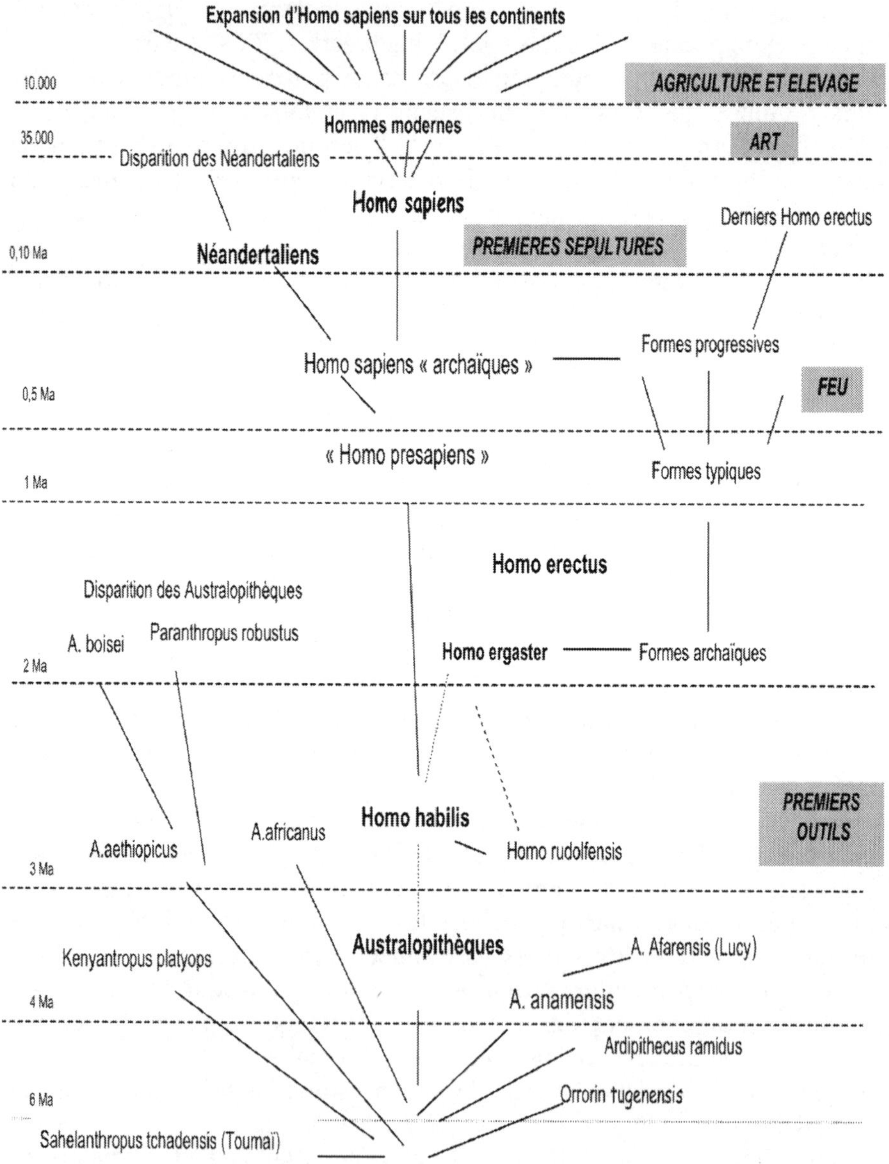

Fig.69. Les différentes étapes de l'évolution humaine. (doc. J-L Heim)

« Il y a chez l'Homme quelque chose qu'on ne voit pas, d'où résulte la connaissance de nous-mêmes et qui est la raison » (Linné, 1746).

Table des matières

Table des illustrations

Santé et Médecine aux éditions L'Harmattan

Dernières parutions

RÔLE (LE) DES SOINS PALLIATIFS – Nouvelle édition
Geschwind Herbert
A la préoccupation de traiter la maladie, la médecine se soucie aujourd'hui d'apporter des soins aux mourants, à partir d'unités spécialisées en Soins Palliatifs. L'intérêt scientifique pour les moyens de guérir s'est déplacé vers la recherche des voies les moins traumatisantes du mourir. Parmi elle, l'euthanasie et l'assistance au suicide se sont révélées les plus sujettes à réflexions et débats. Ainsi se posent les questions de la «méthodologie» du mourir et celle de l'organisme ou de la personne chargée d'exécuter cette décision.
(Coll. Questions contemporaines, 26.00 euros, 262 p.)
ISBN : 978-2-343-00170-8, ISBN EBOOK : 978-2-296-53107-9

RISQUE (LE) BIOLOGIQUE – Une approche transdisciplinaire
Panoff Jean-Michel - Préface de Jean-Louis Le Moigne
Faut-il être biologiste ou biotechnologue pour avoir le privilège d'étudier le risque biologique ? Juristes, sociologues, théologiens, paysans, historiens, psychologues nous avertissent : la biologie, avant tout science des «yeux», glisse insidieusement vers une science des «mains», de l'étude de la vie vers la manipulation du vivant. Voici une construction d'une pensée complexe autour de la question du risque biologique, question qui nécessite urgemment d'être collectivement posée.
(Coll. Sociologies et Environnement, 38.50 euros, 388 p.)
ISBN : 978-2-296-99846-9, ISBN EBOOK : 978-2-296-53233-5

GYNÉCOLOGIE (LA) OBSTÉTRIQUE POUR LE GRAND PUBLIC
100 questions de femme
Badji Cheick Atab - Préface de Awa Niang Fall
Cet ouvrage apporte cent réponses à cent questions que les femmes se posent le plus souvent et qu'elles aimeraient poser à leur gynécologue sans en avoir toujours l'occasion ou le courage. Également destiné aux hommes, il leur permet de ne plus être exclus de l'intimité des femmes et de jouer pleinement leur partition dans cette grande aventure qu'est le couple...
(Coll. Harmattan Sénégal, 17.00 euros, 178 p.)
ISBN : 978-2-296-54900-5, ISBN EBOOK : 978-2-296-53228-1

GREFFES (LES) D'ORGANES : UNE NOUVELLE FABRIQUE DU CORPS
Kreis Henri - Préface du Pr Jean-Michel Dubernard
L'histoire de la fabrique du corps n'a été entreprise que dans le but de guérir ce qui ne pouvait l'être par la médecine alors disponible. L'idée était simple mais n'a pu s'accomplir, jusqu'à ce jour, que par une transgression des mécanismes vitaux de l'être humain et qu'en ravivant ses angoisses eschatologiques. Sa réalisation a mis en question l'altruisme, le rôle du politique et de l'administration, les luttes de pouvoir, la collusion avec l'industrie pharmaceutique, l'éthique médicale...
(Coll. L'Éthique en mouvement, 25.50 euros, 260 p.)
ISBN : 978-2-343-00027-5, ISBN EBOOK : 978-2-296-53102-4

IMAGERIE (L') MÉDICALE – La fabrique d'un nouveau malade imaginaire
Briois Vilmont Laurence
La découverte des rayons X par le physicien Roentgen (1895) génère un bouleversement dans le monde médical : sans effraction cutanée, les intérieurs du corps humain vivant sont rendus visibles. Les techniques d'exploration prennent un essor considérable, devenant un outil

diagnostique indispensable mais d'un usage dont la banalisation risque d'en négliger la réflexion. Le corps devenu mathématisable à la culture numérique appliquée aux images ne doit pas nous faire oublier la dimension humaine.
(Coll. Sciences et Société, 17.00 euros, 172 p.)
ISBN : 978-2-336-29284-7, ISBN EBOOK : 978-2-296-53222-9

À TOI QUI VA NAÎTRE
Ladjointe Xavier
Ils vivent ensemble et filent le parfait amour. Elle tombe enceinte. Il est tellement heureux qu'il commence à filmer leur vie pour leur futur enfant. Et puis il tombe sur ce concours de films. C'est alors qu'une autre grossesse inattendue d'un tout autre genre se déclare... Une grossesse cinématographique filmée ! Ce film est le premier docu-ciné prénatal de l'histoire du cinéma !
(20.00 euros)
ISBN : 978-2-336-00807-3

CURRICULUM MORTIS
Monier Lionel
Le temps d'un soin dit « de conservation ». Nous suivons les gestes d'un thanatopracteur au cours de son travail. À chaque étape, une question. Autant de chapitres au cours desquels nous partons à la rencontre d'interlocuteurs qui tentent d'y répondre. Un voyage au pays de la mort, afin de cerner la place que notre société accorde à ses morts, mesurer l'évolution des rapports que les vivants entretiennent avec eux, éclairer les liens fondamentaux qui unissent le vivre au mourir.
(20.00 euros)
ISBN : 978-2-336-00781-6

QUESTION (LA) DE L'EUTHANASIE – La loi Léonetti et ses perspectives
Hacpille Lucie - Préface de Jacques Ricot
L'émergence de la question de l'euthanasie est née dans le contexte de la bioéthique et des droits des patients. Dans cet ouvrage l'auteur choisit une approche herméneutique à partir des témoignages de personnes faisant l'expérience de situations existentielles extrêmes que sont la maladie grave, les handicaps lourds, mais aussi les expériences d'otages ou de rescapés des camps de concentration.
(21.00 euros, 214 p.)
ISBN : 978-2-336-29082-9, ISBN EBOOK : 978-2-296-51545-1

ASSISTANCE (L') MÉDICALISÉE POUR MOURIR
Les soignants face à l'humanisation de la mort
Nkulu Kabamba Olivier
Depuis quelques années, les médecins sont confrontés à une demande croissante des patients en fin de vie réclamant que leur mort soit hâtée. Chaque sollicitation de l'aide médicale pour mourir place les soignants devant la problématique de l'humanisation de la mort qui, elle, engage de leur part la question fondamentale du «comment faire pour bien faire ?».
(Coll. Sciences et Société, 28.00 euros, 278 p.)
ISBN : 978-2-343-00065-7, ISBN EBOOK : 978-2-296-52986-1

UNE ÉTHIQUE POUR LE MALADE
Pour dépasser les concepts d'autonomie et de vulnérabilité
Benezech Jean-Pierre
L'éthique traditionnelle se fonde sur l'»autonomie» du sujet. Notre époque, elle, plébiscite la dimension de «vulnérabilité». Les soignants articulent souvent leur discours éthique sur ces thèmes. Mais pour une personne malade, ces deux concepts ne peuvent convenir pour construire une vie qui fait sens. Aussi, l'auteur propose le concept de la «personne étayée». Cette éthique originale constitue un nouveau paradigme, à rebours des valeurs antérieures, pour que chacun tente de tracer une vie « la moins mauvaise possible».
(Coll. Sciences et Société, 17.50 euros, 182 p.)
ISBN : 978-2-336-00857-8, ISBN EBOOK : 978-2-296-51645-8

LAZZARO SPALLANZANI (1729-1799)
Le père de la biologie médicale expérimentale
Lamendin Henri - Préface de Jean-Guy Ferrand. Préface du Docteur Robert Sire
Henri Lamendin retrace le parcours de Lazzaro Spallanzani, peu connu de la médecine contemporaine, pourtant considéré comme l'un des pères de la biologie expérimentale. En effet, il fut l'un des premiers à avoir démontré ses dires après les avoir éprouvés dans une série d'expériences. Voici dressé un portrait juste et équitable d'un chercheur hors normes, qui a légué à la médecine une oeuvre dont la valeur n'a d'égale que la rigueur.
(Coll. Médecine à travers les siècles, 14.00 euros, 140 p.)
ISBN : 978-2-343-00129-6, ISBN EBOOK : 978-2-296-51591-8

ECLAIR CARMIN
Batteault Rémy
«J'ai connu Isabelle à la maternelle. Atteinte d'une maladie rare, elle devient peu à peu aveugle. En effet, un stress trop grand ou un effort physique trop intense provoque une hémorragie oculaire, qui se traduit visuellement par un éclair carmin qui brouille sa vision. À chaque nouvelle attaque, sa vue baisse de manière irrémédiable. (...) Comment vivre la «malvoyance» lorsqu'on a 36 ans, comment le parcours de vie est-il modifié ? Quel est le regard du monde extérieur ?» (Rémy Batteault).
(20.00 euros)
ISBN : 978-2-336-00776-2

HANDICAP ET CITOYENNETÉ
Quand le handicap interroge le politique
Bruchon Yves
«Et si le handicap nous aidait à réinventer le lien social ?» La question du handicap est celle de la démocratie ; la question du handicap est, centralement, politique comme en témoigne le fonctionnement de la dialectique droits de l'homme – droits du citoyen dans la problématique du handicap. Sans faire une histoire du handicap et sans prétendre donner des indications pour une politique du handicap, cet ouvrage donne quelques outils pour comprendre.
(18.00 euros, 172 p.)
ISBN : 978-2-296-99831-5, ISBN EBOOK : 978-2-296-51533-8

RECHERCHE (LA) SUR LES CELLULES SOUCHES
Quels enjeux pour l'Europe ?
Altavilla Annagrazia - Préface de Jean-François Mattei ; postface de Adriana Ceci
Les enjeux liés à l'utilisation des cellules souches sur un plan scientifique, éthique, juridique, économique et de société sont nombreux. Ce livre présente l'état le plus actuel des connaissances et des débats éthiques à ce sujet et nous livre l'étendue des évolutions scientifiques et des changements juridiques déterminés par les espoirs placés dans la médecine régénératrice.
(Coll. Ethique et pratique médicale, 57.00 euros, 682 p.)
ISBN : 978-2-336-29022-5, ISBN EBOOK : 978-2-296-51469-0

CLOU (LE) DE GIROFLE EN MÉDECINE BUCCO-DENTAIRE
Gros Gilles - Préface du Docteur Xavier Riaud
Partant du clou de girofle et de ses dérivés, Gilles Gros nous propose un parcours original au sein de l'histoire de l'art dentaire. Par ses réflexions philosophiques, il parvient avec brio à montrer comment les chirurgiens-dentistes se sont de plus en plus éloignés de la magie, de l'empirisme et de la contingence pour s'ancrer définitivement, au XXe siècle, dans l'univers de la rationalité.
(Coll. Médecine à travers les siècles, 13.00 euros, 116 p.)
ISBN : 978-2-343-00068-8, ISBN EBOOK : 978-2-296-51499-7

DENTS, DENTISTES ET ART DENTAIRE
Histoire, pratiques et représentations – Antiquité, Moyen Age, Ancien Régime
Sous la direction de Frank Collard et Evelyne Samama
Cet ouvrage reprend les actes du sixième colloque qui s'est tenu sur l'histoire de la médecine, des pratiques et des représentations médicales dans les sociétés anciennes. Les contributions

présentées ici donnent un éclairage sur les représentations, mentales et iconographiques, de la bouche et des dents tout autant que les techniques, médicales ou non, mises en oeuvre, durant l'Antiquité, le Moyen-Age et sous l'Ancien Régime.
(37.50 euros, 370 p., Illustré en noir et blanc)
ISBN : 978-2-336-29012-6, ISBN EBOOK : 978-2-296-51371-6

RENFORCEMENT DES SYSTÈMES DE SANTÉ
Capitalisation des interventions de la Coopération belge au Burundi, en République Démocratique du Congo et au Rwanda
Dujardin Bruno, Fromont Anne, Gyselinck Karel, Meloni Remo, Lyeti Alain, Kalisa Ina
Cet ouvrage réunit les contributions de différents acteurs en santé de la sous-région des Grands Lacs africains, autour du thème du renforcement des systèmes de soins de santé. Six grands thèmes sont abordés : les soins de santé primaires ; la coopération bilatérale, les ONG et les appuis spécifiques ; la motivation du personnel ; l'accessibilité financière ; les acteurs et leurs interactions ; les réseaux de santé internationale en Belgique.
(Coll. Études africaines, 38.00 euros, 380 p.)
ISBN : 978-2-336-29025-6, ISBN EBOOK : 978-2-296-51465-2

ÉCRIRE L'HISTOIRE DE L'ÉPILEPSIE
Questions préliminaires
Polard André
Cette recherche a pour origine un travail sur la question du sujet dans l'épilepsie : une partie de cette recherche nous a conduits à la nécessité de séparer chronologie et histoire, tant la question de l'écriture d'une histoire de l'épilepsie nous semblait comporter des questions qui touchent à la nature même de l'épilepsie, dans la difficulté de sa définition.
(Coll. Historiques, série Travaux, 17.50 euros, 174 p.)
ISBN : 978-2-296-99760-8, ISBN EBOOK : 978-2-296-51417-1

MES DEUX SEINS
Journal d'une guérison
La réalisatrice apprend qu'elle a un cancer du sein. Cinéaste, elle entreprend alors de suivre au plus près ce mal qui la ronge, seule façon d'échapper au naufrage. D'où vient ce cancer et jusqu'où ira-t-il ? Que peut le cinéma en pareille circonstance ? A la première personne, le récit noue un dialogue entre médecine classique et médecines complémentaires. À la recherche d'une guérison autant intérieure que physique, il explore le sens de cette maladie qui touche une femme sur neuf...
(20.00 euros)
ISBN : 978-2-296-13527-7

QUESTION DE SOIN
Resweber Jean-Paul
L'auteur de ce livre met en perspective la double visée qui caractérise tout geste de soin : celle qui fait appel à l'art, au sens antique du terme (*tekhnè*) et celle qui mobilise une bienveillance attentionnée envers autrui (*care*). On découvrira ici les éléments fondamentaux d'une éthique du soin. on se demandera si le geste de soin, enraciné dans le souci de soi et le souci pour l'autre, n'est pas constitutif du lien social.
(25.00 euros, 252 p.)
ISBN : 978-2-336-00485-3, ISBN EBOOK : 978-2-296-51141-5

L'HARMATTAN, ITALIA
Via Degli Artisti 15; 10124 Torino

L'HARMATTAN HONGRIE
Könyvesbolt ; Kossuth L. u. 14-16
1053 Budapest

ESPACE L'HARMATTAN KINSHASA
Faculté des Sciences sociales,
politiques et administratives
BP243, KIN XI
Université de Kinshasa

L'HARMATTAN CONGO
67, av. E. P. Lumumba
Bât. – Congo Pharmacie (Bib. Nat.)
BP2874 Brazzaville
harmattan.congo@yahoo.fr

L'HARMATTAN GUINÉE
Almamya Rue KA 028, en face du restaurant Le Cèdre
OKB agency BP 3470 Conakry
(00224) 60 20 85 08
harmattanguinee@yahoo.fr

L'HARMATTAN CAMEROUN
BP 11486
Face à la SNI, immeuble Don Bosco
Yaoundé
(00237) 99 76 61 66
harmattancam@yahoo.fr

L'HARMATTAN CÔTE D'IVOIRE
Résidence Karl / cité des arts
Abidjan-Cocody 03 BP 1588 Abidjan 03
(00225) 05 77 87 31
etien_nda@yahoo.fr

L'HARMATTAN MAURITANIE
Espace El Kettab du livre francophone
N° 472 avenue du Palais des Congrès
BP 316 Nouakchott
(00222) 63 25 980

L'HARMATTAN SÉNÉGAL
« Villa Rose », rue de Diourbel X G, Point E
BP 45034 Dakar FANN
(00221) 33 825 98 58 / 77 242 25 08
senharmattan@gmail.com

L'HARMATTAN TOGO
1771, Bd du 13 janvier
BP 414 Lomé
Tél : 00 228 2201792
gerry@taama.net

Achevé d'imprimer par Corlet Numérique - 14110 Condé-Sur-Noireau
N° d'imprimeur : 99743 - Dépôt légal : juillet 2013 - *Imprimé en France*